弗兰克·劳埃德·赖特
FRANK LLOYD WRIGHT

现代建筑名作访评
REVIEW OF MODERN ARCHITECTURE FAMOUS WORKS

薛恩伦
Enlun Xue

中国建筑工业出版社
CHINA ARCHITECTURE & BUILDING PRESS

图书在版编目（CIP）数据

弗兰克 · 劳埃德 · 赖特/薛恩伦. —北京：中国建筑工业出版社，2011.2

（现代建筑名作访评）

ISBN 978-7-112-12895-2

I. ①弗… II. ①薛… III. ①建筑设计－作品集－美国－现代 IV. ①TU206

中国版本图书馆CIP数据核字（2011）第016216号

责任编辑：吴宇江

责任设计：陈　旭

责任校对：陈晶晶　张艳侠

弗兰克·劳埃德·赖特

FRANK LLOYD WRIGHT

现代建筑名作访评

REVIEW OF MODERN ARCHITECTURE FAMOUS WORKS

薛恩伦

Enlun Xue

*

中国建筑工业出版社出版、发行（北京西郊百万庄）

各地新华书店、建筑书店经销

北京美光制版有限公司制版

北京盛通印刷股份有限公司印刷

*

开本：889×1194毫米　1/12　印张：21　字数：502千字

2011年8月第一版　2011年8月第一次印刷

定价：178.00元

ISBN 978-7-112-12895-2

(20157)

内容提要 Abstract

弗兰克·劳埃德·赖特是著名的现代建筑先驱，一生的作品有800余项，建成并保留完好的建筑约400余幢，现已成为宝贵的现代建筑遗产。他的作品如草原住宅、流水别墅在国际建筑界享有极高声誉，他的有机建筑理论在现代建筑运动中也占有重要地位。赖特不仅是一位建筑天才，也是一位教育家，他的教育思想与众不同。

本书作者自1998年至今四度赴美考察赖特的作品，本书介绍了赖特的13项作品，不仅因为这些作品具有代表性，而且资料也相对丰富。考虑到国内部分读者对赖特之前的美国建筑了解较少，本书第1章扼要介绍赖特成名之前的美国建筑界，有助于了解赖特成功的背景，最后一章综合分析赖特的设计思想与有机建筑理论。为了弥补国内介绍赖特作品的资料还相对较少的现状，本书在编写过程中尽量把作品介绍详细些，编入的图片超过700幅，力图使读者清楚地了解作品的全貌，对于尚未去过作品现场的读者尤为重要。

Frank Lloyd Wright was a prominent pioneer of modern architecture. He designed more than 800 projects, about 400 were completed and kept well which are now recognized as the valuable heritage of modern architecture. His works, such as Prairie House and Fallingwater, enjoy great international reputation. His theory of Organic Architecture occupies an important position in Modern Architecture Movement. Not only a genius for architecture, Wright is also an educator with unique educational concepts.

Since 1988 the author of this book has been to the United States four times visiting Wright's works. He selects thirteen in his book, not only because these are very representative examples of Wright's works, also because readers can easily find reference books and materials on them. Considering some readers in China are not familiar with American architecture before Wright, the author gives a brief introduction on that in Chapter I, which greatly helps in understanding the background of Wright's success. The last chapter provides a comprehensive analysis of Wright's designing concepts and theory of Organic Architecture. With pictures as many as more than 700 and explanation of each work as detailed as possible, the author has made great efforts to fill up the shortage of studying materials in China on Wrigh's works and provide a panorama for readers to comprehend the master's works. Those who have not been to the sites of the constructions will benefit most from the book.

前言 Preface

弗兰克·劳埃德·赖特(Frank Lloyd Wright,1867—1959年)是老资格的现代建筑先驱，美国现代建筑奠基人，他出生时美国独立还不到100年。赖特是美国本土培养出来的建筑师，从20岁开始工作，去世时92岁高龄，一生中有72年从事建筑创作，他的作品如流水别墅、古根海姆博物馆在美国家喻户晓。赖特在国际建筑界也享有极高声誉，20世纪五位最负盛名的现代建筑先驱中赖特的资格最老，作品最多，其他四位是勒柯布西耶(Le Corbusier, 1887—1965年)、瓦尔特·格罗皮乌斯(Walter Gropius, 1883—1969年)、密斯(Mies Van der Rohe 1886—1969年)和阿尔瓦·阿尔托(Alvar Aalto, 1898—1976年)。

赖特创作的草原住宅和美式建筑不断地适应美国新兴资产阶级的需要，他的有机建筑理论脍炙人口。赖特不仅是一位天才的建筑师，也是一位教育家，他创办的塔里埃森学社至今屹立，他的教育思想独具一格。赖特善于自我宣传，经常发表文章和演说，这种本领是资本主义社会建筑师必备的才能。

1998年我协助《世界建筑》杂志社组团首次赴美考察，把流水别墅列为参观重点，亲临其境，果然名不虚传，过去从书上看到的流水别墅照片就只有那么几张，无法全面反映作品的水平。为了编写赖特的《现代建筑名作访评》，2006年、2008年和2010年我又三度组团访美，全面考察赖特的作品，因为只有全面深入地考察大师的作品才有资格作出评论。赖特的作品很多，据说建成后并保存完好的有400余项，短期考察只能访问有代表性的作品，如罗比之家、西塔里埃森、约翰逊制蜡公司总部、马林县行政中心等。遗憾的是有些作品不让拍摄室内照片，有的甚至在室外也不让近距离拍摄，令人不解。感谢流水别墅的管理机构，感谢他们的开放态度和热情接待并允许我们拍摄了大量珍贵照片，使读者有机会与我共享赖特最重要的代表作——国际建筑界的宝贵财富。

考虑国内有些读者对美国早期建筑的发展了解较少，本书第1章扼要介绍赖特成名之前的美国建筑界，有助了解赖特成功的背景，第1章是从几本参考书综合出的成果。本书第2章介绍赖特走向成功的简单历程，包括影响赖特事业发展的家庭生活。我曾经考察过21项赖特的作品，仅有帝国饭店在日本，其他作品均在美国本土，本书第3章至第15章重点介绍了赖特的13项作品，重点介绍的作品不仅因为它具有代表性而且资料也相对丰富。本书最后一章综合分析赖特的设计思想、有机建筑理论与思想渊源，赖特的有机建筑理论名声很大，资料很多，但很难概括，我努力尝试把他的理论与作品结合在一起。

感谢曲敬铭、周锐、甘晓音、白万铭、赖德霖、邵力群、George Chen、薛镭为本书提供的珍贵照片，感谢卢岩女士对我们多次出国考察所做的大力协助并为本书提供了照片，感谢中国建筑工业出版社吴宇江为本书出版所做的一切。

2011年是清华大学建校100周年，也是我们这一届学子入学的60周年，仅以“现代建筑名作访评”系列丛书献给母校建校100周年，弗兰克·劳埃德·赖特专集是系列丛书中的一集。

薛恩伦　2010年10月30日于清华园

目录 Contents

1. 赖特之前的美国建筑
American Architecture before Wright

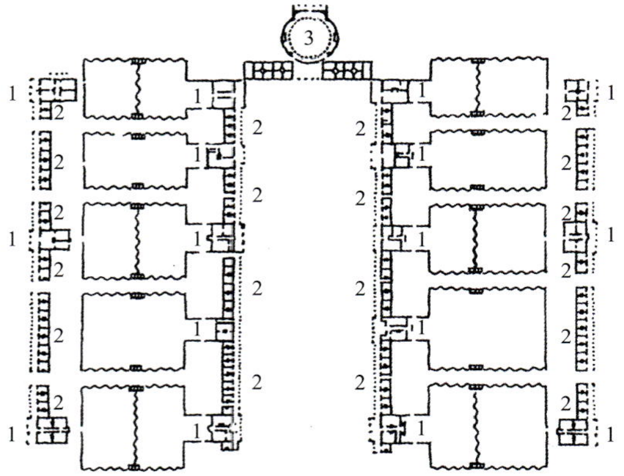

1789年美国独立建国，建筑开始发展，1865年国内南北战争(Civil War)结束前，美国的建筑发展是不系统的、随意的。史学家对于美国建筑发展的分期有不同的观点，多数学者把1789—1820年称为共和时期(The Federal Period)，这段时期的建筑设计师大部分来自国外，例如，首都华盛顿的规划师是法国建筑师皮埃尔—夏尔·朗方(Pierre-Charles L'Enfant)，白宫的设计者是来自爱尔兰的建筑师詹姆斯·霍本(James Hoban)，国会大厦的主要设计人威廉·桑顿(William Thornton)来自西印度群岛(West Indies)。本土建筑师中杰出的代表有托马斯·杰斐逊(Thomas Jefferson，1743—1826年)和阿舍·本杰明(Asher Benjamin，1773—1845年)。杰斐逊是美国第三任总统，美国"独立宣言"的起草人，杰斐逊是一位多才多艺的政治家，青年时便喜欢建筑，1771年曾在蒙蒂塞洛(Monticello)设计过蜜月村舍(Honeymoon Cottage)，为此在图书馆查阅了不少建筑书，蜜月村舍风格简洁，有几分像意大利文艺复兴时期卓越建筑师安德烈亚·帕拉第奥(Andrea Palladio，1508—1580年)设计的圆厅别墅(Villa Rounda)。[①] 1784年杰斐逊曾赴法国考察建筑，当时的美国人普遍认为法国建筑

① 帕拉第奥最著名的作品为位于维琴察的圆厅别墅(1550—1551年)，平面完全对称，四面各有6柱的柱廊，中央圆厅为穹顶。摘自：简明不列颠百科全书(卷6)[M]．北京：中国大百科全书出版社，1986:374.

1-1　杰斐逊设计的弗吉尼亚州议会大厦

1-2　杰斐逊规划的弗吉尼亚大学"学术村"示意图
1- 教室；2- 学生宿舍；3- 图书馆

1-3 理查森设计的埃姆斯客栈北侧透视

1-4 理查森设计的埃姆斯客栈南侧透视

1-5 杰斐逊规划的弗吉尼亚大学透视

代表民主与共和。1785年杰斐逊为弗吉尼亚州设计了具有新古典建筑风格的议会大厦。杰斐逊总统卸任后致力于教育事业，在夏洛茨维尔(Charlottesville)创建了弗吉尼亚大学(University of Virginia)并亲自主持校园规划。他的规划思想是把学校建成一个学术村(Academic Village)，校园总平面为对称的布局，有明显的南北向中轴线，校园中心是一片草地，中轴线尽端是图书馆，图书馆的造型有些像古罗马的万神庙(Pantheon)，在中心草地东、西两侧连廊的后面布置教学单元，教学单元将教室与学生宿舍组织在一起，规划思想独具匠心，1825年学校建成。[②] 杰斐逊本人并非职业建筑师，但是美国建筑学会却给予他高度评价，把他规划的弗吉尼亚大学校园视为美国最重要的建筑作品，1987年联合国教科文组织(UNESCO)把杰斐逊规划的弗吉尼亚大学确定为“世界遗产”(World Heritage)，这也是美国唯一被确定为世界遗产的大学。本杰明的重要贡献是在1827年完成了《美国营造师手册》(American Builder's Companion)，书中详细介绍了希腊和罗马的古典建筑法式(Order)及构造做法，该书出版后在美国影响很大，使欧洲的古典建筑迅速传播到美国并逐步本土化，形成了美国式的希腊古典复兴。另一位值得一提的建筑师是本杰明·亨利·拉特罗布(Benjamin Henry Latrobe, 1764—1820年)，他是1796年由英国移民到美国的青年建筑师。拉特罗布在宾夕法尼亚州建立了自己的事业并把职业建筑师的概念带到美国，被认为是美国建筑职业之父，因为美国早期的房屋设计与建造均由木匠头们主持，在以拉特罗布为代表的建筑师们的努力下，使职业建筑师发挥了应有的作用。1803年杰斐逊总统任命拉特罗布为公共建筑的监理，负责首都建设。拉特罗布的作品有建在巴尔的摩的罗马天主教堂(Roman Catholic Cathedral)和费城的费尔芒特水工设施(Fairmount Waterworks)。[③]

1820—1860年被称为浪漫时期(The Romantic Era)。浪漫时期的建筑风格是古希腊建筑和哥特式建筑的复兴，古典建筑复兴的影响主要来自英国，美国人当时热衷于古希腊的

② David P. Handlin. American Architecture: World of Art Series[M]. New York: Thames & Hudson Inc., 1985:44-50.

③ Mary N. Woods. The first professional: Benjamin Henry Latrobe[M]// Keith L. Eggener(editor). American Architectural History: A Contemporary Reader. New York: Routledge, 2004:117-127.

1-6　理查森设计的哈佛大学的塞佛大楼

1-7　理查森设计的格莱斯诺住宅北立面

建筑风格也有政治因素，古希腊建筑指的是伯里克利时代的雅典建筑(Periclean Athens)，伯里克利时代是希腊争取独立、建立民主国家的时代，美国人民把自己的独立与伯里克利精神联系在一起。[4] 内战结束后，美国开始建立建筑学专业院校，培养自己的专业人员，1865年麻省理工学院(Massachusetts Institute of Technology)首先建立建筑学专业，以法国学院派的巴黎美术学院(École des Beaux-Arts In Paris)课程为蓝本，学习欧洲古典建筑。

南北战争后的美国建筑处于徘徊状态，称作徘徊时期(The Age of Indecision)，这段时期最杰出的建筑师是亨利·霍布森·理查森(Henry Hobson Richardson，1839—1886年)。理查森出生于美国的路易斯安那州，在哈佛学院(Harvard College)毕业后赴法深造，在巴黎美术学院进一步接受学院派教育，学成后归国。他在美国20年的工作中，留下一批经典作品，包括1877年在波士顿市中心建成的三一教堂(Trinity Church)，以及哈佛大学内的塞佛大楼(Sever Hall)等著名建筑，他的作品不仅比例优美，而且精雕细刻，耐人寻味，建筑风格在美国被称作“理查森罗马风”(Richardsonian Romanesque)，这位不知疲倦的天才建筑师去世时年仅47岁。理查森于1880年在北伊斯顿(North Easton)设计的埃姆斯客栈(Ames Gate Lodge)，1885年在匹兹堡设计的城市法院与监狱(City Courthouse & Jail)，以及1886年最后设计的作品格莱斯诺住宅(Glessner House)都颇具创造性，他巧妙地运用粗石，风格新颖，对后人很有启示。埃姆斯客栈是为他的好友弗里德里克·埃姆斯(Frederick L. Ames)设计的，由于埃姆斯对理查森的高度信任使他得以自由发挥，建立了自己的风格和美国式的乡土建筑。客栈是埃姆斯接待客人的住所，首层以起居室为核心，二层是4间卧室，理查森将客栈与埃姆斯庄园北入口的拱门结合，客栈北侧体形简洁，甚至有点像碉堡，客栈南侧造型丰富，屋顶的处理尤为突出，以大尺度的块石体现粗犷的乡土风格。[5] 位于芝加哥的格莱斯诺住宅是理查森的另一幢著

④ 伯里克利 (Pericles, 公元前 495—前 429 年) 是古代雅典最伟大的政治家，公元前 460—前 430 年在他的领导下重建雅典卫城 (Acropolis)，这段时期被称为雅典的黄金时代。

⑤ Henry-Russell Hitchcock. The Architecture of H.H. Richardson and His Time[M]. Cambridge, Massachusetts: The M.I.T. Press, 1966:202-205.

名的建筑，此住宅北入口的设计成为理查森的标志性设计手法、不断被后人模仿。

继理查森之后，陆续出现一些有才能的建筑师，但大多数人还是在新古典主义风格中徘徊。以宣传“形式始终随从功能，这是规律”(form ever follows function and this is the law)闻名于国际建筑界的芝加哥建筑师路易斯·亨利·沙利文(Louis Henry Sullivan, 1856—1924年)被认为是美国第一个真正的现代建筑师。沙利文在美国麻省理工学院学习过一年建筑基础课，以后在巴黎美术学院又进修一年并在意大利参观学习文艺复兴建筑，沙利文回国后在詹 尼(W. L. Jenney)建筑事务所工作，詹尼是一位工程师，被认为是美国高层建筑之父。随着资本主义在美国的迅速发展，19世纪后期的芝加哥兴建大批高层商业建筑，形成一种新的商业建筑风格，被称为“芝加哥学派”(Chicago School)。沙利文在他的著作《高层办公楼的艺术思考》(The Tall Office Building Artistically Considered)中对所谓的芝加哥学派建筑特征进行了总结，沙利文认为高层商业建筑的典型模式是在地下室布置工程机房，首层或1~3层布置开敞式商店，以上各层是办公区，顶层为设备层，电梯布置在建筑物的中心区，建筑采用钢框架结构，柱网规律，这种模式的建筑必然形成新的三段式风格，下部开敞，中部较大而且是规律地开窗，顶部较小且相对封闭。沙利文在芝加哥的代表作是1886年建成的会堂大厦(Auditorium Building)，1904年建成的卡森·皮里·斯科特百货大厦(Carson Pirie Scott Department Store)和建在布法罗(Buffalo)的保险大厦(Guaranty Building)，后者被认为是沙利文登峰造极的作品。

1-8　沙利文设计的芝加哥百货大楼透视

2. 现代建筑先驱——弗兰克·劳埃德·赖特
Frank Lloyd Wright — The Pioneer of Modern Architecture

1867年6月8日赖特出生于美国威斯康星州里奇兰中心(Richland Center)的一个小镇上，当时美国独立还不到100年，美国国内的南北战争也刚刚结束。赖特的父亲威廉·赖特(William R. C. Wright)受过高等教育，学习法律和音乐，曾经换过多次工作，包括低级别的官员、律师、音乐教师、基督教神职人员等。赖特的父亲性格忧郁，虽有才华但工作时并不专注，常常过高估计自己，导致工作屡屡失败。赖特11岁以前的生活很不安定，随着父亲颠簸于4个州6个城市之间，11岁后随母亲定居威斯康星州的麦迪逊。赖特15岁时父母离异，父亲离开了家，以后一直未见过面。在父亲影响下，赖特幼年便喜爱音乐，7岁时就能演奏中提琴，音乐伴随了赖特一生，他经常在建筑与音乐之间作比较。[⑥] 母亲安娜(Anna Lloyd Wright)出身于英国威尔士的移民家庭，曾任乡村教师。赖特童年的视觉艺术训练是母亲的安排，1876年赖特的母亲在费城的一次展览会中购得一种适合学龄前儿童的几何积木教具，是德国教育家弗里德里希·威廉·奥古斯特·福禄培尔(Friedrich Wilhelm August Froebel, 1782—1852年)在德国幼儿园中使用的教学用具。[⑦] 福禄培尔教具有系列的训练程序和详细说明，由简单到复杂。积木教具开发了赖特的视觉艺术天赋和抽象的造型能力，让他意识到美的造型是一种有秩序的构成形式。[⑧] 另一个非常重要的童年经历是赖特曾在舅父农场中生活，威斯康星州的自然景色使他终生难忘，童年的经历奠定了他的生活态度和对建筑艺术的理解。赖特的舅父詹金·劳埃德·琼斯(Jenkin Lloyd Jones)是基督教一神教派(Unitarians)或称一位论教派的牧师，负责地区教会工作，是地区教会的领袖。一神教派是19世纪在美国兴起的一种教派，一神教派的自由、团结思想深深地影响着赖特。[⑨]

父母离异后家庭经济困难，赖特中学未毕业便开始工作。他曾在威斯康星大学土木工程教授康诺弗(A. D. Conover)的工作室中打工，借助这位教授的推荐，1885年初赖特进入威斯康星大学，学习了一年基础课，以后便离开学校进入约瑟夫·莱曼·西尔斯比(Joseph Lyman Silsbee, 1848—1913年)的事务所担任绘图员，赖特在事务所中迅速成长，20岁时已能独立工作。1889年赖特进入丹克马尔·阿德勒(Dankmar Adler, 1844—1900年)和沙利文合作的事务所，并参加了会堂大厦的设计工作。沙利文很重视对赖特的培养，由于当时的设计任务较多，他便把全部住宅设计任务交给赖特独立承担，自己的精力集中在设计高层商业建筑。赖特在沙利文的指导下，工作职务迅速提升，从草图深化人员(sketch developer)提升到制图员(draughtsman)，继而又提升到制图领班。19世纪后期，美国的城市化和工业化快速发展，芝加哥的中产阶级热衷于兴建私人小住宅，赖特的设计任务迅速增加，他白天在沙利文的事务所中工作，晚上在家中继续设计他私人承接的住宅设计任务。不久，沙利文发现了赖特干“私活”，两个人的关系迅速恶化，1893年赖特脱离了沙利文事务所，在芝加哥创建了属于自己的私人事务所。[⑩]

温斯洛住宅(William H. Winslow House)是赖特建立私人建筑设计事务所后接受的第一个设计任务，住宅的建筑风格与众不同。当时芝加哥最走红的建筑师丹尼尔·伯纳姆(Daniel Burnham)非常赞赏赖特的才华，表示要资助赖特出国深造，让他先在巴黎美术学院学习4年，再去罗马学习两年，同时表示在赖特出国期间负责供养他的家庭。伯纳姆的慷慨资助被赖特谢绝了，赖特对古典主义不感兴趣，温斯洛住宅证明了自己的才能，他要把已经开始的事业继续下去。[⑪]

1889年赖特遇到凯瑟琳·托宾(Catherine L. Tobin)，一年后结婚。凯瑟琳是殷实富商的女儿，她的社会关系使赖特能够在中产阶级圈子内交往，从而获得事业上更大的发展。凯瑟琳受过良好的教育，具有音乐和艺术天赋，她非常好客，待人友善，对赖特的事业起到良好的辅助作用。赖特结婚后迁入自己设计的新居，芝加哥奥克帕克地区(Oak Park)福里斯特大街(Forest Avenue) 210号。1889—1895年，赖特的住宅不断扩建，不仅面积逐渐增加，功能不断改进，

⑥ Robert C. Twombly. Frank Lloyd Wright: His Life and His Architecture[M]. New York: A Wiley-Interscience Publication, John Wiley & Sons, Inc., 1979:15.

⑦ 福禄培尔是德国教育家、幼儿园创始人。福禄培尔教学思想的前提是：人的本质上是有活动力和创造性的，而不是仅仅有接受能力，他相信自我活动和游戏在儿童教育中的重要性，因而采用了一系列的玩具或学习器械，用于进行指导得当的游戏，伴以歌曲及乐曲，从而促进儿童的学习兴趣。摘自：简明不列颠百科全书（卷3）[M]. 北京：中国大百科全书出版社，1985: 216.

⑧ Richard MacCormac. Form and Philosophy: Froebel's Kindergarten Training and Wright's Early Work[M]//Robert Mccarter(editor). On and By Frank Lloyd Wright:A Primer of Architectural Principles. London: Phaidon Press Limited, 2005:124-131.

⑨ 一位论教派继承早期基督教会和宗教改革运动时期的某些非正统神学思想，先于16世纪在匈牙利、罗马尼亚和波兰继而于18、19世纪在英格兰、美国等国建立教会。它们认为上帝只有一位，否认基督的神性和三位一体教义。摘自：简明不列颠百科全书（卷9)[M]. 北京：中国大百科全书出版社，1986:6.

⑩ Robert C. Twombly. Frank Lloyd Wright: His Life and His Architecture. New York: A Wiley-Interscience Publication, John Wiley & Sons, Inc., 1979:21.

⑪ Bruce Brooks Pfeiffer(author). David Larkin and Bruce Brooks Pfeiffer(editors) Frank Lloyd Wright: The Master Works[M]. New York: Rizzoli International Publications, 1993:32.

风格也不断变化，成为赖特探讨住宅设计的试验室，赖特最终把建筑事务所也迁到住宅内。赖特的住宅在奥克帕克地区起着宣传广告作用，1889—1909年他在这一地区设计了29幢住宅，有12幢住宅集中在赖特居住的街区内。

1901年赖特在《妇女家庭》期刊(The Ladies Home Journal)2月号上发表了一篇名为《草原城镇之家》(A Home in a Prairie Town)的文章，文章提供了一种新的居住模式：两层的建筑，体形向水平方向延伸，缓坡屋顶与草原的地平线呼应，固定家具，必要的设施。赖特在该期刊1901年7月号上的另一篇文章《具有更多房间的小住宅》(A Small House with Lots Room in it)中进一步详细地介绍了两套住宅而且说明了造价，其中的一套为7000美元，另一套为5800美元，还声明作者本人随时准备接受用户委托设计，文章具有鲜明的广告色彩。此后，赖特设计的住宅便贴上了“草原住宅”(Prairie House)的标签，生意也更加红火，这个阶段被认为是赖特的黄金时代。十年期间赖特设计了35幢风格类似的住宅，1909年设计的罗比之家(Robie House)是其中突出的代表。

1903年赖特受切尼(E. H. Cheney)的委托在奥克帕克东北大道520号设计一幢单层住宅，建筑布局紧凑，风格也颇有特色。在设计过程中赖特结识切尼的夫人梅玛(Mamah B. Cheney)，梅玛比赖特小2岁，爱好文学，她平时并不喜欢与

2-1 | 2-2

2-1　赖特在西塔里埃森

2-2　奥克帕克的赖特塑像

人交往，却与赖特非常投缘，最终发展到相爱，当时赖特与凯瑟琳已结婚20年并育有6个子女，梅玛也有2个子女。1909年正当赖特的事业蒸蒸日上时竟然与梅玛双双抛弃各自的家庭，私奔欧洲，这种越轨的行为在当地引起广泛的非议，为此，赖特失去很多客户，事业一度陷入低潮。⑫从欧洲回国后，梅玛与赖特同居在威斯康星州的斯普林格林(Spring Green)。1914年8月15日，二人没有来得及结婚，梅玛在一次大火中丧生。

赖特与梅玛同居期间，设计任务较少，在设计任务不多的阶段，赖特系统地总结了自己的设计思想，1908—1928年他陆续在《建筑实录》(Architecture Record)上发表了《建筑之道》(In the Cause of Architecture)系列文章，共有16篇，通过对20世纪前10年个人作品的分析，提出了建筑设计的普遍规律，也介绍了自己的设计经验。1912年赖特发表了《日本版画》(The Japanese Print)一文，虽然文章并没有直接谈论建筑但涉及美学观点。1910—1912年，赖特相继发表了多篇文章论述"有机建筑"(Organic Architecture)，并充分利用媒体扩大宣传个人成就。

1905年赖特首次出国访问日本，日本的文化艺术给他留下深刻印象。1916年赖特接受日方委托，设计东京帝国饭店(Imperial Hotel)，帝国饭店的项目对赖特犹如雪中送炭，1916—1922年他全力以赴进行设计。在设计帝国饭店的同时，赖特在美国加利福尼亚洛杉矶设计了蜀葵山庄(Hollyhock House)，蜀葵山庄是另一种类型的住宅，建筑风格浑厚，檐部饰以蜀葵花纹的抽象图案。赖特在日本时，注意到当地运用混凝土预制砌块建造房屋，便将这种方法改进后推广到美国，在蜀葵山庄抽象图案成功运用的基础上，赖特把抽象图案浇筑在预制砌块的表面，以带有装饰图案的砌块建造房屋，形成一种装饰性很强的建筑风格，在洛杉矶建造了装饰性的砌块住宅，并且在佛罗里达南方学院(Florida Southern College)建造了一组采用装饰性砌块的教学建筑。

1934年应富商埃德加·考夫曼(Edgar J. Kaufmann)的邀请，赖特设计了举世瞩目的流水别墅(Fallingwater)，从而达到了他的事业顶峰，时年已69岁。1991年美国《建筑实录》杂志评选百年来世界100座最重要的建筑物，流水别墅名列榜首。继流水别墅之后，赖特又完成了约翰逊制蜡公司办公楼(Johnson Wax Company Administration Building)设计，再一次引起国际建筑界的震动，独特的结构形式和采光方法令人拍案叫绝，有人感叹在大厅中恍若池底的游鱼。赖特晚年最著名的作品是纽约古根海姆博物馆(Solomn R. Guggenheim Museum)，倒置的螺旋状连续空间与高大的中庭又一次展示了大师的才华。博物馆建成后曾引发争论，有批评者认为建筑造型与环境不和谐，功能也存在问题。1959年古根海姆博物馆竣工时赖特已经逝世6个月。

1932年10月1日，赖特在威斯康星州斯普林格林自己的家中创建了以塔里埃森(Taliesin)命名的建筑学校，学校有点像中国早期的私塾，赖特把这座学校称为"塔里埃森学社"(Taliesin Fellowship)，把学生称为弟子(apprentice)。学校与众不同，学生入学无须考试，毕业时也不发文凭，学员在校期间半工半读，有点像工厂的学徒工。学校没有正规的教学计划，实行即兴教学，边干边学，学习内容也不局限于建筑，赖特认为：教育不应当在教室内进行，应当在工作中学习，劳动、吃饭、娱乐、闲谈，随时随地都可以获取知识。⑬由于威斯康星州冬季很冷，1938年赖特在亚利桑那州的沙漠中建立了分校作为冬季的校舍，取名西塔里埃森(Taliesin West)，斯普林格林的塔里埃森也相应改为东塔里埃森(Taliesin East)，每年11月至次年5月，塔里埃森的师生像候鸟一样到西塔里埃森过冬。西塔里埃森的建筑布局自由，四周是沙漠和野生植物，以红木和帆布做成的屋顶架在粗犷厚重的毛石墙上，气势豪放。学校的教学工作由赖特独自承担，初期聘请三位技术顾问，有时也请人来讲学。学校的行政工作和生活管理均由赖特的夫人奥尔吉凡娜(Olgivanna Wright)负责，奥尔吉凡娜是前南斯拉夫人，比赖特小30岁，1924年遇到赖特后结为夫妇，奥尔吉凡娜虽然不是专业技术人员，却在赖特去世后与赖特的女婿威廉·韦斯利·彼得斯(William Wesley Peters)共同继承了赖特的事业，使塔里埃森持续至今。1987年塔里埃森建筑学院开始颁发硕士学位，修业年限为7年。

赖特一生设计的作品有800余项，建成的有400余幢，现已成为国际建筑界宝贵的遗产。1959年4月9日，赖特以92岁高龄去世，美国建筑界至今尚无人能与他相比。

---

⑫ Robert C. Twombly. Frank Lloyd Wright : His Life and His Architecture[M]. New York: A Wiley-Interscience Publication, John Wiley & Sons, Inc., 1979:120.

⑬ Robert C. Twombly. Frank Lloyd Wright: His Life and His Architecture[M]. New York: A Wiley-Interscience Publication, John Wiley & Sons, Inc., 1979:212.

3. 赖特的住宅兼工作室，美国伊利诺伊州芝加哥市
Wright House and Studio, Chicago, Illinois, USA

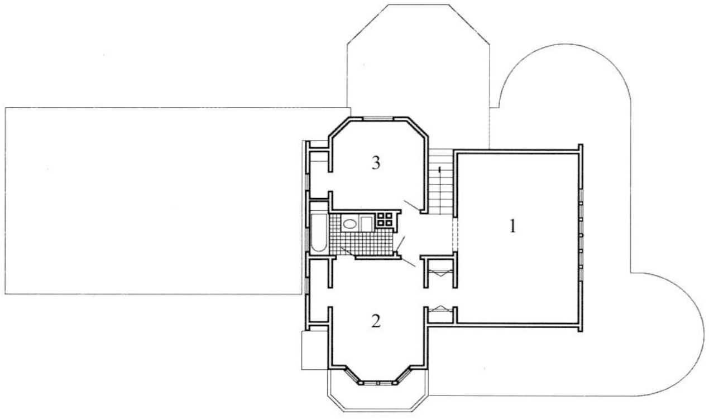

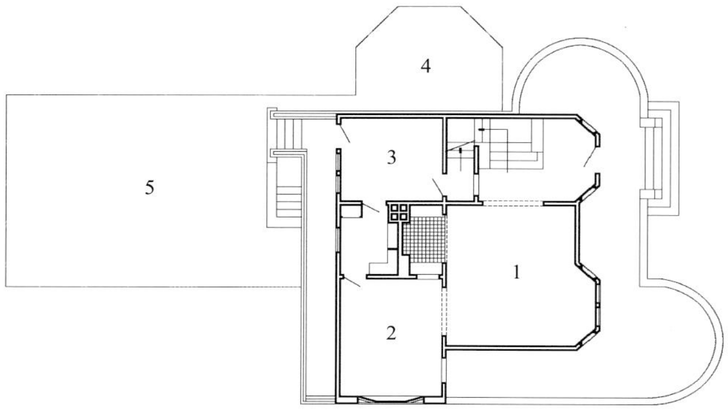

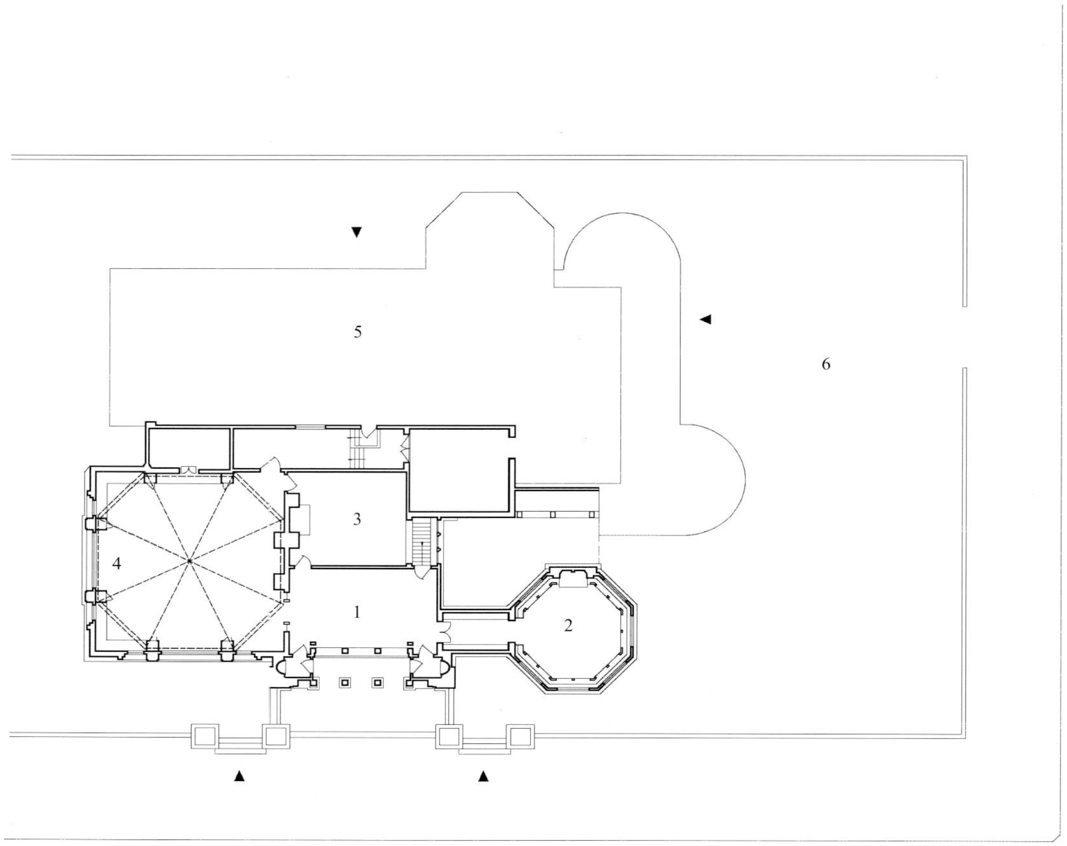

3-1　早期赖特住宅的首层平面

1—起居室；2—餐厅；3—厨房；4—大餐厅扩建位置；5—儿童活动室扩建位置

3-2　早期赖特住宅的二层平面

1—工作室；2—主卧；3—次卧

3-3　赖特住宅扩建的工作室平面

1—接待室；2—图书室；3—研究室；4—绘图室；5—赖特住宅位置；6—沿福里斯特大街的前院

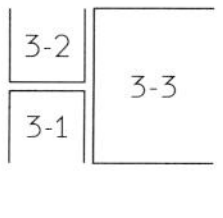

赖特在芝加哥奥克帕克的住宅兼工作室是分期建造的，1889年开始建造的仅仅是个小住宅，住宅面向福里斯特大街，前面有个很大的庭院，私密、隐退、平淡，建筑外观延续了理查森和沙利文的设计风格，室内布局和建筑装修则显示了赖特独到的见解。住宅的首层以壁炉为中心，进入门厅便立刻会看到起居室内的壁炉，起居室和餐厅是连续的空间，首层的房间围绕壁炉形成环路。以壁炉为中心象征家庭的团结和凝聚，壁炉的象征意义大于功能。当时赖特非常重视家庭聚会，认为家庭聚会比个人自由活动更重要，他们全家每天至少聚会一次，这是赖特从父母离异吸取的教训。[14] 住宅的室内空间较低并有高低变化，首层室内没有隔墙，形成流动空间，室外平台成为内部空间的延伸。室内设计精雕细刻，家具与建筑有机地组成整体，赖特设计的高背椅成为分割空间的重要构件，运用抽象的几何图案组合的彩色玻璃窗在当时也别具一格。赖特有特色的室内设计引起各方关注，这种风格在赖特以后的室内设计中延续很久。

⑭ Robert C. Twombly. Frank Lloyd Wright: His Life and His Architecture [M]. New York: A Wiley-Interscience Publication, John Wiley & Sons, Inc., 1979:42.

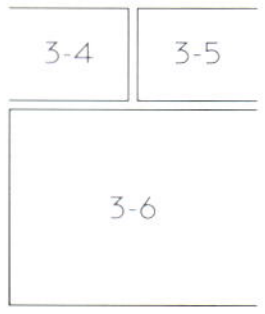

3-4　赖特住宅入口透视

3-5　赖特住宅入口平台

3-6　赖特住宅沿福里斯特大街立面

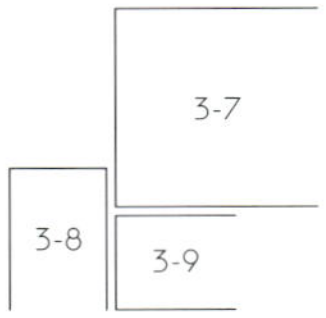

3-7 赖特工作室沿芝加哥大街立面

3-8 赖特住宅后侧扩建的大餐厅与儿童活动室

3-9 赖特住宅后侧通向新建的礼品商店

3-10 3-11

3-12

3-10　赖特工作室入口前的透视

3-11　赖特工作室入口门廊

3-12　赖特工作室入口门廊柱头

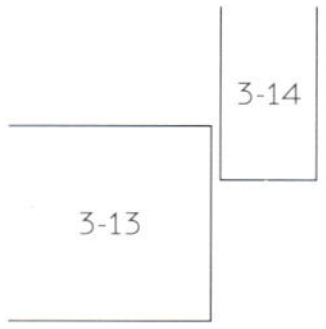

3-13 赖特工作室沿街入口立面片断

3-14 赖特工作室沿街入口透视

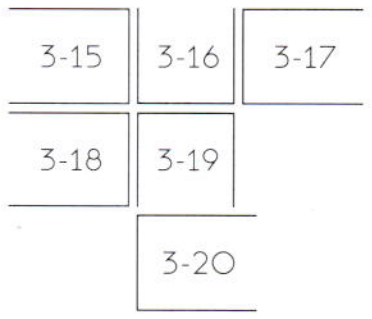

3-15　赖特工作室转角处的八角形图书室

3-16　赖特工作室入口与八角形的绘图室

3-17　赖特工作室的绘图室立面片断

3-18　赖特工作室入口两端顶部雕塑

3-19　赖特工作室的绘图室外装修细部

3-20　赖特工作室的绘图室

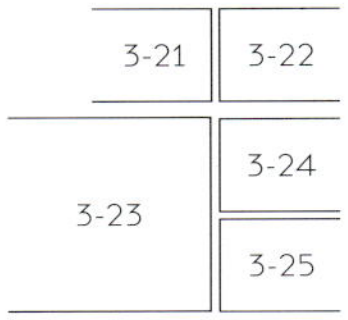

3-21　仰视赖特绘图室西侧与住宅的连接

3-22　赖特工作室屋顶，左边是八角形图书室

3-23　赖特工作室的图书室屋顶与烟囱

3-24　赖特工作室东侧与住宅之间的空间

3-25　赖特工作室的图书室屋顶细部

3-26 3-27 3-28

3-26 赖特住宅西侧与工作室之间的出口

3-27 赖特工作室西墙下的装饰性雕像是为米德韦花园游乐场制作的，设计人是雕刻家阿方索 · 扬内利 (Alfonso Iannelli)

3-28 赖特住宅扩建的儿童活动室

1894年赖特首先为私宅扩建了一个儿童活动室和一个八角形的大餐厅，为了不破坏沿福里斯特大街的安静庭院，扩建部分压缩到后侧有限的空间内。儿童活动室的室内设计完全按照儿童的尺度，窗台很低 。1895年赖特对住宅再次进行扩建并将工作室从芝加哥市区迁入住宅，扩建后的住宅兼工作室占据了街区的转角，扩建的工作室面向芝加哥大街(Chicago Avenue)，在交通繁忙的芝加哥大街另设一个办公区的出入口，保留了沿福里斯特大街安静的住宅前院。工作室的建筑风格与住宅不同，赖特有意张扬个性、自我宣传，工作室的建筑造型丰富，运用各种建筑材料进行组合，与住宅的平淡风格形成对比。办公区入口局部对称，入口处的柱廊有些古典神庙的味道，显示公共建筑的个性。入口柱廊与芝加哥大街之间的距离很近，赖特在柱廊前特意设计了一段矮墙，人们须由矮墙两侧迂回进入柱廊入口，这样处理避免了入口柱廊与道路太近产生的压迫感。矮墙两侧的入口各有一对精心设计的大花盆，花盆成为赖特住宅标志性的装饰，同时也使办公区入口更加壮观。工作室与住宅之间隔着小走廊。八角形的图书室由顶部采光，采光屋顶下的挑檐平面却仍为方形，与两侧建筑保持和谐。绘图室平面为方形，绘图室上部的跑马廊和采光高窗则是八角形，与八角形图书室以及住宅后面的八角形大餐厅互相呼应。赖特在奥克帕克地区工作和居住了20年，这段时间是赖特的黄金时代，赖特与凯瑟林在此育有6个子女。赖特的住宅兼工作室在奥克帕克地区影响很大，建筑本身成为有力的宣传品。

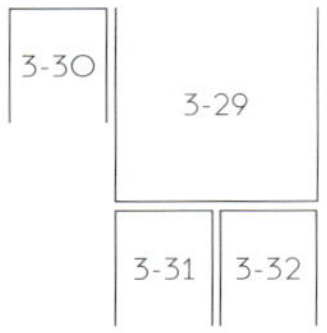

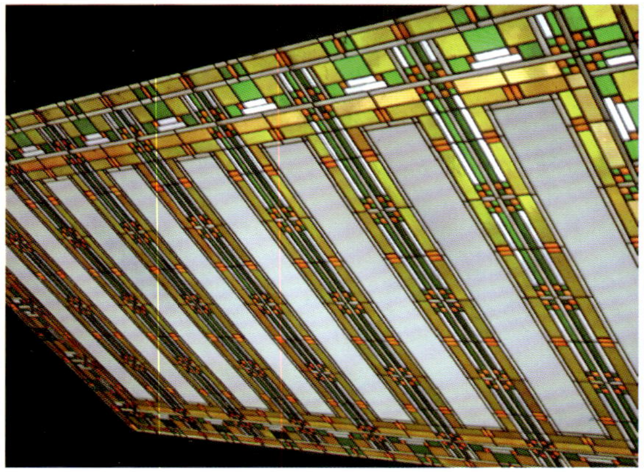

3-29　赖特工作室的绘图室

3-30　仰视赖特工作室的图书室

3-31　赖特住宅室内吊顶

3-32　赖特住宅窗上的花饰

4. 统一神庙，美国伊利诺伊州芝加哥市

Unity Temple, Chicago, Illinois, USA

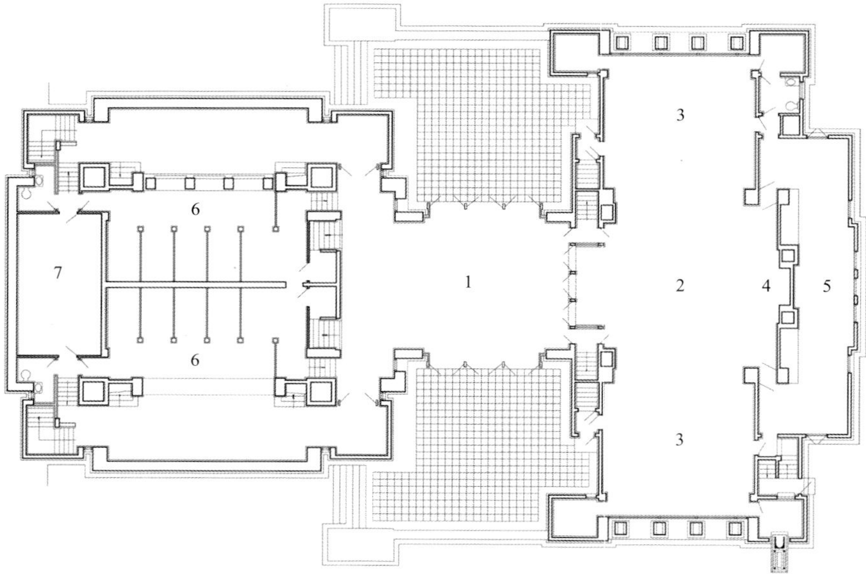

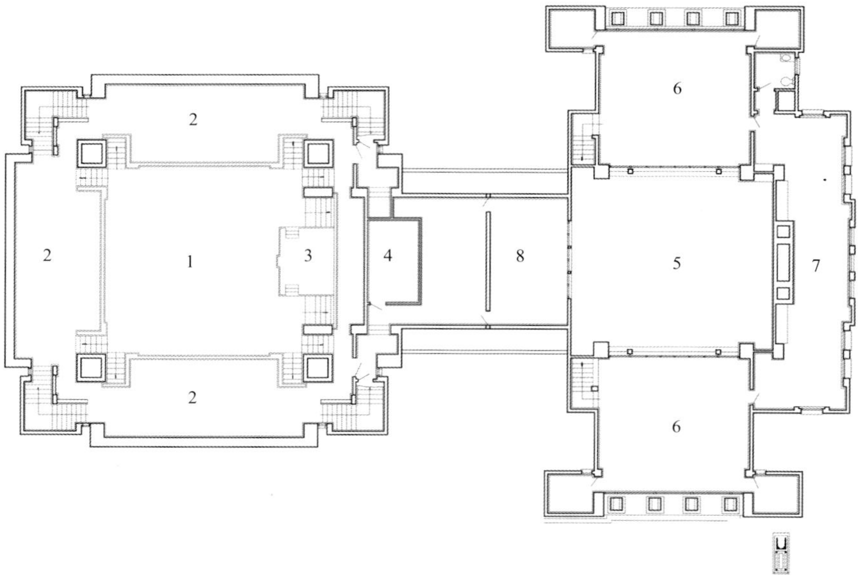

4-1 4-2

4-1 统一神庙首层平面

1- 门厅；2- 中庭；3- 宗教活动室、教室；4- 壁炉；5- 厨房；6- 衣帽间；7- 仓库

4-2 统一神庙二层平面

1- 会堂；2- 包厢座位；3- 讲台；4- 音响室；5- 中庭；6- 教室；7- 缝纫室；8- 备用房间

统一神庙是基督教一神教派的教堂，一神教派是赖特家族信奉的教派，赖特的舅父是一神教派西部教会布道会的秘书，一位卓越的牧师，赖特的父亲也曾任该教会威斯康星州组织的秘书，一神教与赖特家族关系密切。1905年赖特设计教堂时恰好访日归来，日本庙宇给他留下深刻印象，教堂平面模仿日本庙宇，采用对称的形式，根据赖特本人的要求，建筑物也被命名为庙宇(temple)而不是教堂(church)。[15]

统一神庙位于芝加哥奥克帕克繁忙大街的一侧，神庙占地很小，建筑布局有明显的南北方向主轴线，由三个体块组合，中部连接体的首层是门厅，门厅的东、西两侧均有入口，北侧是统一神庙的会堂(Auditorium)，南侧是统一神庙的文化活动区(Hearth House)。会堂的平面为正方形，祭坛背靠门厅，会堂中央有一块地面是平的，其他三面的固定座位逐步升高，并有两层挑台面向中心围合，挑台的座位也是固定的并逐步升高，楼梯布置在会堂的四角，会堂可以提供400个座位，中心区的座位是活

⑮ Information of Unity Temple Restoration Foundation, 2002.

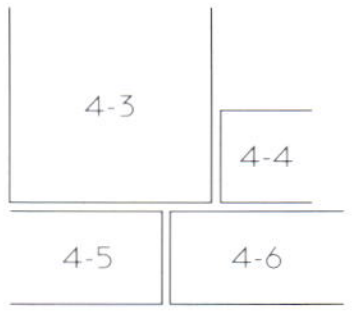

4-3　统一神庙模型

4-4　统一神庙南侧透视

4-5　统一神庙沿街透视

4-6　统一神庙西侧透视

4-7　统一神庙东侧透视

4-8　统一神庙西侧局部

动的，会堂不仅可以举行宗教活动，也可以举办音乐会或其他公共活动。文化活动区的布置以壁炉为核心，增添亲切的气氛，中间是两层高的活动大厅，壁炉后侧是厨房，活动大厅两侧的上下两层布置图书室和周末学校(Sunday School)的教室。奥克帕克地区居民约有12500人，统一神庙成为地区的活动中心。

统一神庙的造型简洁有力、古朴典雅，会堂体形接近立方体，三个立面的处理完全一致，下部封闭，上部高窗，由壁柱形成的窗间墙支撑着窗上的挑檐，四角的楼梯间犹如四个支墩，加强了造型的稳定感。室内由顶部天窗和四面的高窗采光，顶

4-9　统一神庙北立面局部

4-10　统一神庙西侧通向入口的台阶

4-11　统一神庙西入口

4-12　仰视统一神庙会堂高窗

部光线透过带有彩色花饰的玻璃吊顶均匀地漫射到室内各处，高侧窗补充了会堂包厢区的照明。文化活动区的体量相对较小，开窗面积较大，室外壁柱和壁柱上的花饰与会堂保持一致。文化活动区的中央大厅也由顶部采光，大厅内明亮宽敞，中央大厅与两侧的二层空间连通，是现代中庭的先驱。门厅部分是会堂和文化活动区两个体块的连接体，入口处后退，保持人流的疏散空间。统一神庙室内色彩典雅，每个细部处理都是建筑整体不可分割的一部分，室内外浑然一体。建筑物采用钢筋混凝土结构，屋顶与楼板均由室内的柱子支撑，外墙仅作为围护结构，由于邻近街道的噪声很大，外墙的隔声作用非常重要。

统一神庙是赖特首次在设计中采用现浇钢筋混凝土结构。赖特把统一神庙视为自己建筑设计的转折点，也是走向现代建筑的起点，他曾经说："当完成统一神庙时，我意识到我有了一个伟大事业的新起点，一个建筑艺术伟大真理的新起点，建筑艺术可以自由了。"[16]统一神庙于1908年建成，1971年被授予"国家历史性地标"(National Historic Landmark)称号。

---

[16] Bruce Brooks(author) Yukio Futagawa(editor and photographer). Frank Lloyd Wright Architecture[M]. Tokyo: A.D.A. EDITA TOKYO Co., Ltd., 2003:214.

4-13 | 4-14 | 4-15

4-13　统一神庙高窗及竖向侧窗的处理

4-14　统一神庙室外壁灯

4-15　统一神庙花池

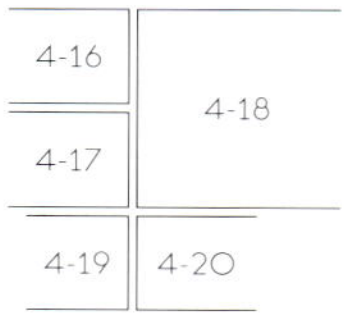

4-16　统一神庙会堂首层座位

4-17　统一神庙会堂讲台

4-18　俯视统一神庙会堂

4-19　俯视统一神庙会堂讲台

4-20　统一神庙的宗教活动

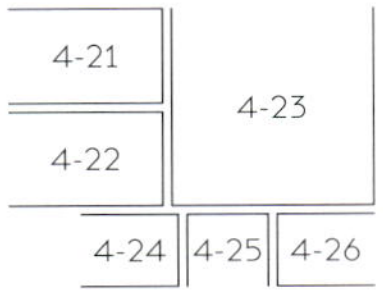

4-21　统一神庙会堂讲台后墙

4-22　统一神庙会堂吊灯的方圆组合

4-23　统一神庙会堂室内转角

4-24　统一神庙会堂三层座位与吊顶采光

4-25　统一神庙会堂二层座位后走道

4-26　统一神庙会堂的二层挑台

4-27　统一神庙吊顶与天窗采光的结构处理

4-28　统一神庙会堂的吊顶采光

4-29　统一神庙会堂的灯具

4-30　统一神庙门厅吊顶采光

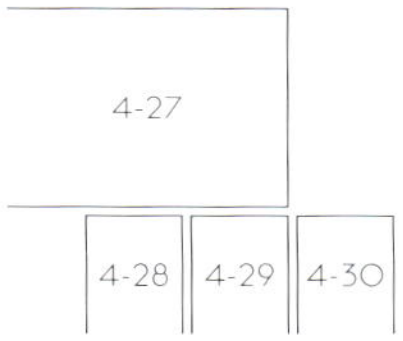

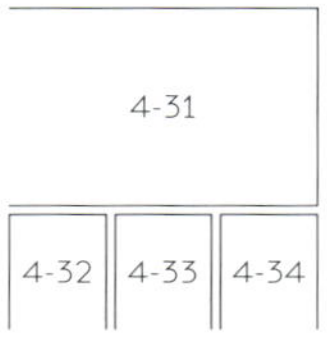

4-31　统一神庙文化活动区的壁炉

4-32　统一神庙门厅通向二层的小楼梯

4-33　统一神庙门厅入口

4-34　赖特绘制的统一神庙透视图

5. 罗比之家，美国伊利诺伊州芝加哥市

Robie House, Chicago, Illinois, USA

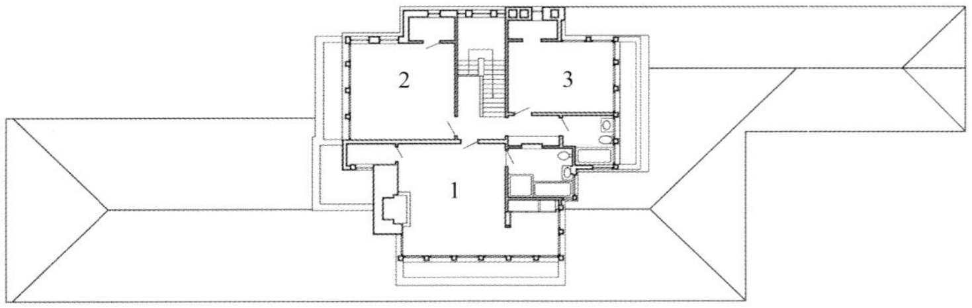

5-1
5-2
5-3

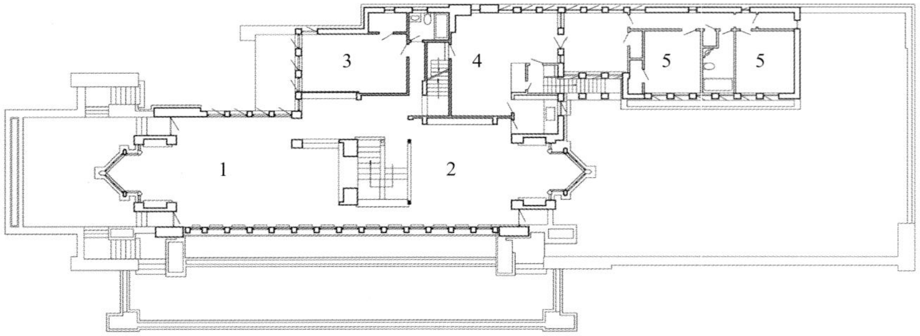

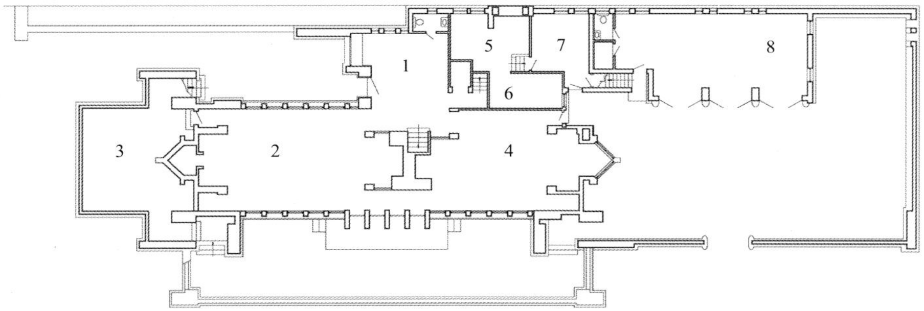

5-1 罗比之家三层平面

1– 主卧；2、3– 次卧

5-2 罗比之家二层平面

1– 起居室；2– 餐厅；3– 客房；4– 厨房；5– 仆人住房

5-3 罗比之家首层平面

1– 门厅；2– 台球室；3– 仓库；4– 儿童游戏室；5– 锅炉房；6– 贮煤间；7 –洗衣房；8 –车库

罗比之家在芝加哥市区南部一个街区的转角，建筑物坐北朝南。住宅最初的主人是弗里德里克·罗比(Frederick C. Robie)，一位制造自行车的公司老板。罗比对自己的住宅有特殊要求，要求在住宅内增设仆人区和台球室，并且希望从住宅内能看到街道上邻居们散步的情景但又不被别人看到自己。[17] 赖特将住宅分成前后错动的两区，前区2层，后区局部3层，形成高低错落的体形。首层的前区布置台球室和儿童活动室，后区布置锅炉房、洗衣房和车库。二层的前区布置起居室和餐厅，后区布置客房、厨房和仆人住房。主人的卧室放在后区的三层。壁炉是住宅平面布局的核心，围绕壁炉的公共活动区是开敞的流动空间，没有固定的隔墙，为了保持二层平面的对称和空间流动，壁炉设置了两个烟囱，中间是很大的孔洞。住宅有3个楼梯，前区单独设1个楼梯，为上下两层的公共活动区使用，前区楼梯与壁炉有机地组合，后区的两个楼梯分别供主人和仆人使用，互不干扰。罗比之家主入口非常隐蔽，不仅没有沿着马路而且还从马路后退一段距离。首层南侧沿街的内院与台球室和儿童活动室相通，内院地面低于人行道路面，内院两侧分别通向西侧二层的大平台和东侧沿街的后院，形成高低变化、互相连通的外部空间。东侧的后院较大，围墙较高，后院连通车库与洗衣房并有对外出口，车库现在是出售纪念品的商店。二层起居室西侧的大阳台像是一个空中内院，阳台两侧的室外楼梯分别通向主入口和南侧的沿街内院。南侧沿街布置的内院成为住宅与城市的过渡空间，内院沿街的围墙很低，内院使主体建筑后退，不

[17] Fred C. Robie, Jr. Mr. Robie knew What He Wanted [J]. The Architecture Forum, 1958(10):126–127.

5-4　罗比之家西南侧透视

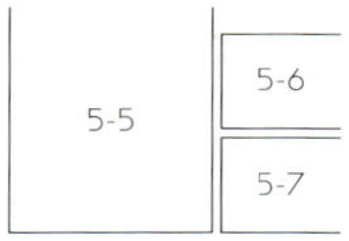

5-5　通向罗比之家入口的小道

5-6　罗比之家南侧透视

5-7　从罗比之家入口的小道透视起居室及阳台

仅加强了住宅的私密性也丰富了建筑造型。罗比之家的屋顶坡度平缓，屋檐出挑很远，特别是起居室西侧的挑檐突出墙面约6m，悬挑之大非常罕见。大挑檐不仅可以遮阳也保证了住宅的私密性，在挑檐下可以观察住宅外面的活动却不易引起外人的注意。罗比之家不仅体形高低错落，围墙也高低变化，使建筑构图更加丰富。多层次的水平线条使建筑造型在视觉上非常稳定，大挑檐形成的水平阴影更加强化了稳定的视觉效果，直立的烟囱将水平构件牢牢地锚固在大地上，形成稳定、均衡的构图，赖特把平凡的住宅戏剧性地转化为完美的视觉艺术作品。从1901年赖特提出"草原住宅"这个名词后，草原住宅的建筑风格不断发展，罗比之家被认为是草原住宅的杰出代表。罗比住宅的产权曾几度转手，甚至差一点被拆除，但最终被保护下来，成为"国家历史性地标"。

5-8	5-9

5-8　罗比之家南立面

5-9　罗比之家南侧人行道

5-10

5-11

5–10　罗比之家北立面

5–11　罗比之家北侧透视

5-12　罗比之家南侧仰视

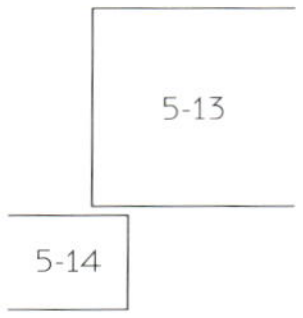

5-13　从东侧透视罗比之家前院

5-14　从西侧透视罗比之家前院

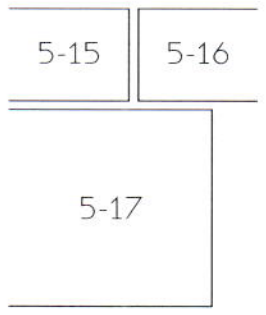

5-15 从罗比之家南侧透视起居室及阳台

5-16 罗比之家起居室及阳台西立面

5-17 罗比之家南立面片断

5-18 罗比之家起居室的大挑檐

5-19 从罗比之家起居室大挑檐下望街区景观

5-20 从罗比之家阳台望起居室出口

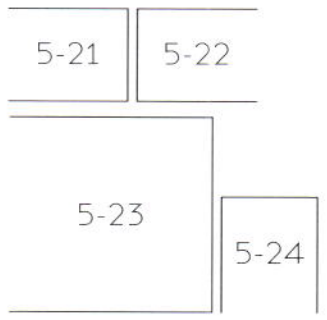

5-21　从罗比之家阳台正视起居室

5-22　罗比之家南侧后院入口

5-23　从罗比之家东侧望前院矮墙

5-24　从罗比之家前院通向起居室阳台的室外楼梯

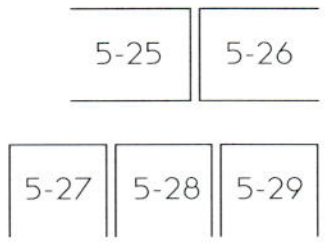

5-25　罗比之家后院

5-26　罗比之家后院的车库，现售纪念品

5-27　从罗比之家后院仰望餐厅

5-28　从罗比之家后院仰视辅助用房

5-29　俯视通向罗比之家辅助用房的楼梯

5-30　罗比之家辅助用房有透光洞的挑檐

5-31　通过挑檐的透光孔仰望罗比之家三层卧室

5-32　罗比之家南侧后院通向前院的入口

5-33　罗比之家门厅

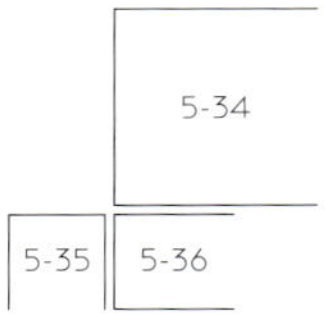

5-34　罗比之家起居室北侧

5-35　罗比之家起居室西侧

5-36　罗比之家起居室南侧

6. 东塔里埃森，美国威斯康星州斯普林格林
Taliesin East, Spring Green, Wisconsin, USA

1878年，11岁的赖特随母亲定居威斯康星州的麦迪逊(Madison)，麦迪逊成为赖特的老家。1909年赖特与切尼夫人私奔，家中矛盾尖锐，赖特的母亲便在威斯康星州的斯普林格林买了一块地，为赖特安排了一条退路，赖特在新购置的土地上另起炉灶，创建了新家园。赖特的母亲祖籍威尔士，赖特给斯普林格林的新家起名塔里埃森(Taliesin)，用的是威尔士语，意思是"闪亮的山顶边缘"(shining brow)。赖特的住宅没有建在山顶而是山坡的最高处，因为建在山顶会破坏地貌，赖特曾经说过："我从不把住宅建在山顶，我把它们建在围绕着山顶，就像人的眉毛。"[18] 赖特的住宅建在山顶的边缘，相对隐蔽，又可俯视山庄全貌。

塔里埃森最初的规模很小，1914年和1925年两次大火，第一次大火是有人故意纵火，第二次则是电线失火，每次火灾后的重建都扩大了规模。1932年赖特在塔里埃森创办了私塾式的学校，使其逐步成为自给自足的庄园。塔里埃森占地约200英亩（约81hm²），设施齐全，不仅有住宅、工作室，而且设有运动场地、冰窖、谷仓、马房、发电站及供水设施。进入塔里埃森只

[18] Sigfried Giedion. Space, Time and Architecture [M]. Cambridge, Massachusetts: Harvard University Press, 1982:416.

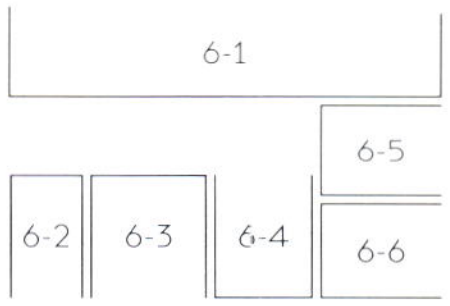

6-1　远望东塔里埃森

6-2　东塔里埃森接待中心入口标志

6-3　东塔里埃森接待中心透视

6-4　东塔里埃森接待中心室内

6-5　东塔里埃森接待中心入口

6-6　俯视东塔里埃森接待中心入口

有一条路，相当隐蔽，住宅不仅像庄园也像一座城堡，院落、平台、水池、林木遍布各处，形成亲切宜人的户外环境，赖特最大限度地使塔里埃森与自然结合，仿佛世外桃源。

塔里埃森充分体现了赖特的城市规划理念，赖特厌恶资本主义的城市化，提出“广亩城市”(Broadacre City)设想，主张每个人都平均拥有一英亩土地，在这块土地上生活、居住并拥有自己的汽车。他描述的广亩城市虽然也有飞机场、穿越城市的架空公路、集中的仓储区、路边的商店和旅馆，但总体思想则是扩大的合作农场，塔里埃森成为赖特的广亩城市的缩影。[19] 塔里埃森的建筑风格是草原住宅的继续，体形平缓舒展，与地平线亲和，深远的挑檐增加建筑的安全感，私密的院落既有利避风也可以避开不想见到的客人，反映了赖特私奔后想避开媒体的心情；住宅建在山坡的高处，既能俯瞰山庄又可高瞻远瞩，反映了赖特的雄心壮志。

1932年赖特在塔里埃森创办了私塾式的学校，取名塔里埃森学社，学社的绘图室、学员宿舍、餐厅和小剧场都是1932年以后逐步扩建的。塔里埃森的建筑每年都要进行修改、扩

⑲ Robert C. Twombly. Frank Lloyd Wright: His Life and His Architecture [M]. New York: A Wiley-Interscience Publication, John Wiley & Sons, Inc., 1979:220-231.

6-7 回望东塔里埃森学社过街楼

6-8 远望东塔里埃森学社建筑群（左面是住宿区，右面是绘图室）

6-9 东塔里埃森学社过街楼

6-7

6-8 6-9

6-10　东塔里埃森学社过街楼细部

6-11　东塔里埃森学社透视

6-12　东塔里埃森学社入口

6-13　东塔里埃森学社后侧透视

建，不断完善，这是赖特重要的设计思想。

塔里埃森庄园内有一个名为“罗密欧与朱丽叶”的木塔，是赖特为舅母设计的作品，1896年建成。木塔是利用风力取水的风车塔，平面为菱形与八角形的组合，结构形式新颖，或许因为是两个体块的结合，所以取名罗密欧与朱丽叶。木塔经历多次大风和雷电的袭击，完好无损，1997年庆祝木塔建成100周年。作为一个青年建筑师，赖特利用自己并不丰富的本专业以外的知识，创造性地设计了节能的风车木塔，难能可贵。

东塔里埃森的接待中心建在山庄以南约两英里处，是按照赖特1953年为里弗维尤饭店（Riverview Restaurant）设计的图纸建造的。

6-14	6-16
	6-17
6-15	6-18

6-14　东塔里埃森学社入口挑檐处理

6-15　东塔里埃森学社细部处理

6-16　东塔里埃森学社绘图室入口

6-17　东塔里埃森绘图室入口前的台阶右侧是蜀葵山庄的花饰

6-18　东塔里埃森学社绘图室透视

6-19　东塔里埃森学社绘图室角窗

6-20　东塔里埃森学社剧场入口

6-21　东塔里埃森学社剧场入口细部

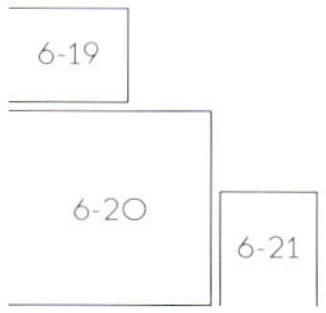

6-22　东塔里埃森学社起居室室内

6-23　东塔里埃森学社起居室窗前

6-24　东塔里埃森学社绘图室门厅

6-25　东塔里埃森学社绘图室

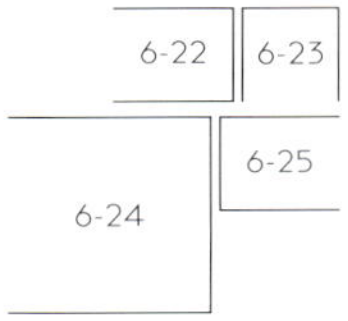

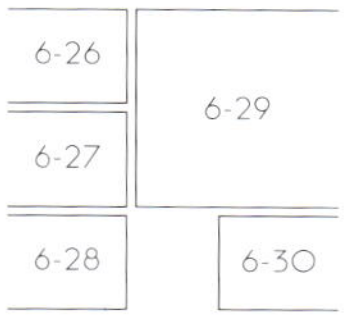

6-26　远望东塔里埃森赖特住宅三次改建后的状况

6-27　东塔里埃森赖特住宅三次改建后立面

6-28　东塔里埃森赖特住宅三次改建后的挑台

6-29　仰视东塔里埃森赖特住宅三次改建后的状况

6-30　东塔里埃森谷仓

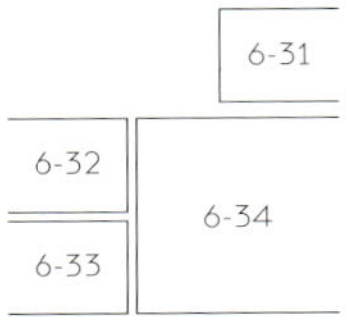

6-31　东塔里埃森水源

6-32　东塔里埃森湖水

6-33　东塔里埃森标志

6-34　东塔里埃森罗密欧与朱丽叶风车塔

7. 蜀葵山庄，美国加利福尼亚州洛杉矶市

Hollyhock House, Los Angeles, California, USA

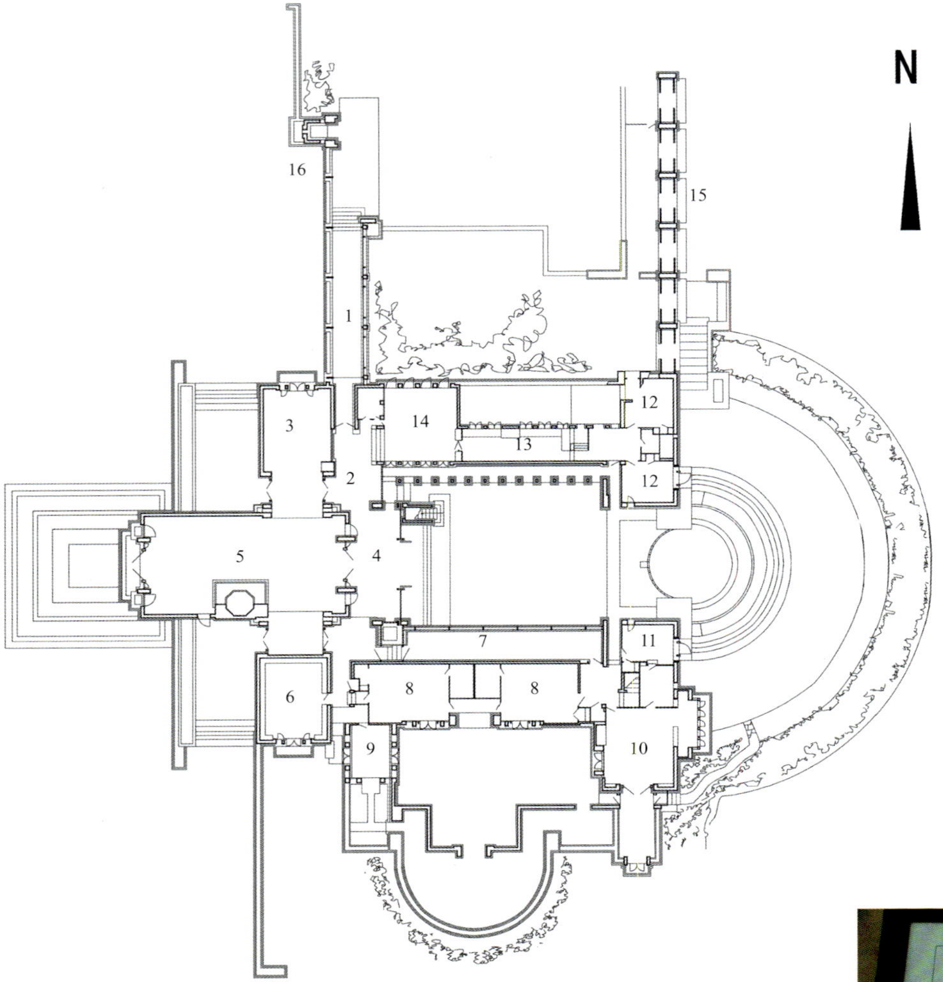

蜀葵山庄的主人艾琳·巴恩斯德尔(Aline Barnsdall)是美国石油大亨的女儿，一位热爱艺术的戏剧编剧与制作人，她与赖特多次接触并参观过赖特的作品。1915年她曾聘请赖特在芝加哥为她设计一个以她名字命名的小剧院，但并未建成，1916年再次委托赖特为她在洛杉矶的奥利夫希尔(Olive Hill)建造私人住宅，迎接她即将出生的女儿，山庄于1921年建成。

赖特并不满足于停留在草原住宅的建筑风格，蜀葵山庄开辟了一条新途径，山庄造型浑厚，纪念性较强，犹如从土地中生长出来的建筑。蜀葵山庄在一定程度上受墨西哥的玛雅(Maya)建筑影响，洛杉矶靠近墨西哥，气候和文化与墨西哥比较接近，这是赖特运用玛雅元素体现地方特色的重要原因。

蜀葵山庄平面布局呈U字形，主轴线为东西向，轴线两端各有一个水池，东侧是圆形水

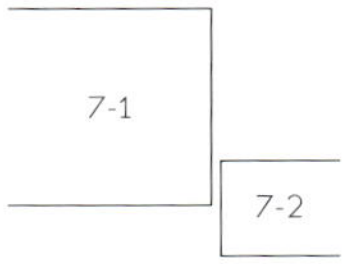

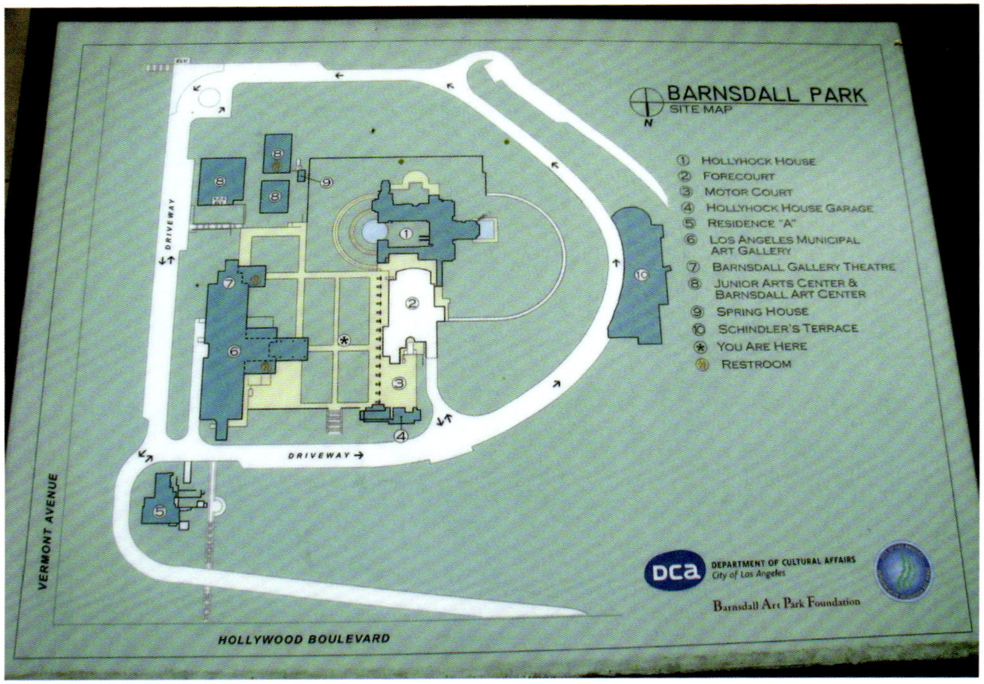

7-1 蜀葵山庄平面

1- 引廊；2- 门厅；3- 音乐室；4- 前厅；5- 起居室；6- 书房；7- 展廊；8- 卧室；9- 贮藏室；10- 儿童活动室；11- 保育室；2- 仆人用房；13- 厨房；14- 餐厅；15- 空廊；16- 岗亭；

7-2 蜀葵山庄在巴恩斯德尔艺术公园中的位置

池，西侧是方形水池，中间围合一个内院。内院北侧是餐厅和厨房、南侧是展廊与卧室，卧室的南侧另有一个私密的内院。起居室沿主轴线布置在内院的西端，起居室入口的北侧有一个可通向屋顶的室外楼梯，在屋顶上可观赏山庄全貌。主体建筑还有两个南北向的次要轴线：山庄主入口的引廊沿西侧的次轴布置，入口隐蔽；沿东侧次要轴线布置一条空廊，据说是为了养狗。建筑布局既对称又不对称，以中央内院为例，内院南侧是轻巧通透的展廊，北侧是稳重且相对封闭的柱廊，两侧风格不同，形成虚实对比。起居室的西立面局部严格对称，起居室的平面则是不对称的布局，壁炉偏在一侧。书房与音乐室沿着西侧次轴线布置在起居室的两端，书房南端增加的矮墙与音乐室连接入口的北端引廊并不一致，但在视觉上保持均衡。起居室的壁炉设计颇具特色，壁炉前的家具布置是对称的，壁炉与家具间的水池设计得很精巧，壁炉上方墙面的浮雕是抽象图案，图案表达了水、火、土、气四种元素，壁炉顶部的天窗采光为室内增添了戏剧性的效果。卧室相对较小，室内设计有些日本风韵，需要席地而卧。蜀葵山庄的建筑处理与草原住宅全然不同，对称与不对称的构图手法交替运用，形成构图的动态均衡，显示了赖特的构图功底。内院东入口的圆形水池切入门廊，水池东侧环形的跌落台阶像是露天剧场的座位，门廊犹如舞台的台口，东入口的处理似乎暗示主人具有戏剧编导的背景，或许可以满足主人建造剧场的愿望。

蜀葵山庄建筑风格稳重，四坡屋顶被女儿墙遮挡，没有深远的挑檐，厚重的檐部饰以连续的

7-3　蜀葵山庄主入口前的引廊

7-4　蜀葵山庄主入口

7-5　蜀葵山庄东侧

抽象图案，图案是经过抽象的蜀葵纹样。蜀葵是具有地方特色的植物，也是女主人非常喜爱的品种，蜀葵花饰不仅用于檐部，还经过艺术加工形成多种造型，成为山庄室内外装饰的主题。山庄内墙、外墙的基础为混凝土基础，砖砌墙身，建筑的檐部和窗间墙柱头等装饰物采用了混凝土预制块，这也是赖特的创举。

蜀葵山庄的方案设计起步较早，在施工图设计与工程施工阶段赖特正忙于日本东京帝国饭店的设计任务，他的主要精力，甚至全部精力均投入设计帝国饭店，根据相关资料记载，蜀葵山庄施工中的矛盾很多，赖特提供的草图远远不能满足施工要求，施工现场全靠赖特的助手申德勒(W. Schindler)和赖特的长子，小赖特是学景观建筑的。[20] 按照赖特的一贯作风，一项任务在施工过程中还要不断修改，精雕细刻，由于赖特无暇同时兼顾两个项目，蜀葵山庄难免有遗憾之处，虽然建筑特色鲜明，但细部处理略显单调。1927年蜀葵山庄的主人把山庄和周围的整片土地以及其他相应的建筑一同捐赠给洛杉矶市并对公众开放，现在的蜀葵山庄是巴恩斯德尔艺术公园(Barnsdall Art Park)的重要景区。

蜀葵山庄是赖特的重要代表作，此后他又进一步运用装饰图案制成混凝土砌块，衍生出另一种建筑风格。

---

[20] Kathryn Smith. Hollyhock House and Olive Hill [M]. New York: Rizzoli International Publication, 1992:122.

7-6 | 7-8
7-7 |

7-6　蜀葵山庄东侧圆水池

7-7　蜀葵山庄东侧圆水池外侧台阶

7-8　蜀葵山庄东侧透视

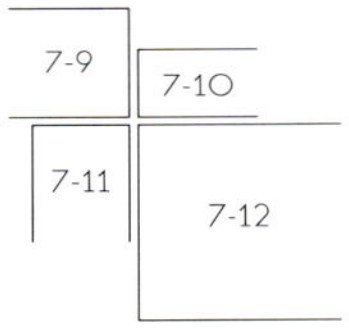

7-9 从蜀葵山庄内院望南侧展廊

7-10 从蜀葵山庄内院望北侧柱廊

7-11 蜀葵山庄北侧柱廊

7-12 从蜀葵山庄东入口望内院北侧柱廊及通向屋顶的室外楼梯

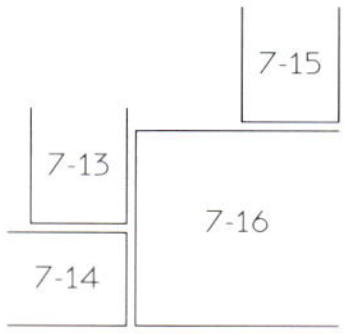

7-13　蜀葵山庄内院北侧柱廊与室外楼梯之间的空间

7-14　从蜀葵山庄内院望东侧

7-15　从蜀葵山庄内院北侧柱廊与室外楼梯之间望东侧

7-16　从蜀葵山庄展廊檐下望北侧仆人用房

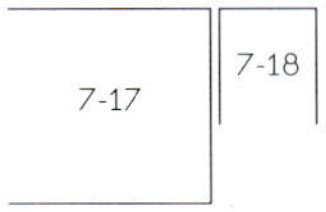

7-17　从蜀葵山庄西侧透视起居室

7-18　蜀葵山庄起居室西窗细部处理

7-19 蜀葵山庄主入口引廊西侧透视
7-20 蜀葵山庄主入口引廊西立面
7-21 蜀葵山庄主入口引廊前的岗亭
7-22 蜀葵山庄主入口前的岗亭内侧
7-23 蜀葵山庄音乐室西侧透视

7-19	7-20
7-21	7-22
	7-23

7-24 7-25
7-26 7-27

7–24 俯视蜀葵山庄卧室南侧的内院

7–25 蜀葵山庄卧室通向内院的出口

7–26 蜀葵山庄书房及南侧的矮墙

7–27 蜀葵山庄的儿童室

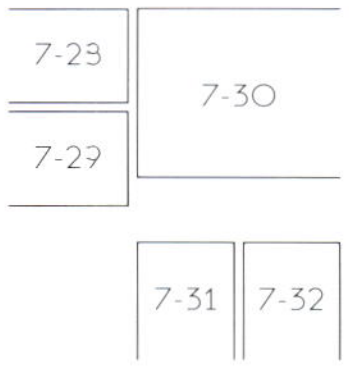

7-28　蜀葵山庄儿童室前的小室

7-29　蜀葵山庄南端的半圆花坛

7-30　蜀葵山庄檐口细部处理

7-31　透视蜀葵山庄窗口的细部处理

7-32　蜀葵山庄窗口的细部处理

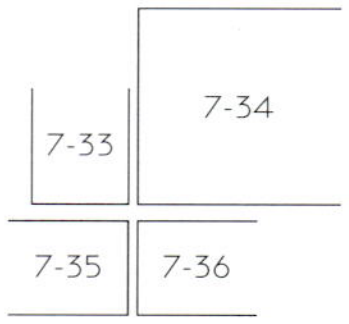

7-33　蜀葵山庄室外踏步的细部处理

7-34　蜀葵山庄的起居室

7-35　蜀葵山庄东北角的空廊

7-36　蜀葵山庄起居室壁炉前对称布置的座位

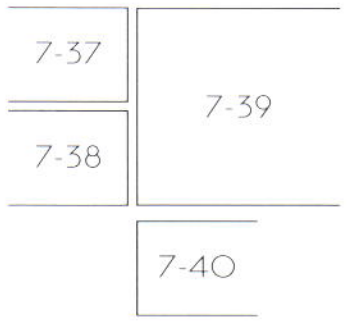

7-37　蜀葵山庄起居室壁炉上方的吊顶

7-38　蜀葵山庄起居室壁炉上方的灯具

7-39　蜀葵山庄起居室壁炉上方的抽象浮雕

7-40　蜀葵山庄起居室壁炉前的水池

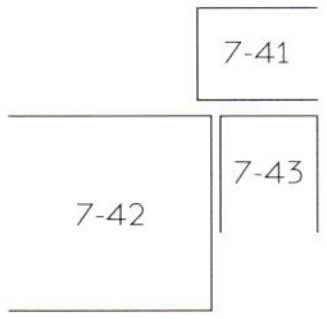

7-41　蜀葵山庄起居室内的日本版画

7-42　蜀葵山庄起居室前的过厅

7-43　蜀葵山庄过厅的地毯

7-44　蜀葵山庄展廊内的山庄模型

7-45　从蜀葵山庄卧室望小走道

7-46　蜀葵山庄餐厅

7-47　蜀葵山庄卧室的落地窗

7-48　蜀葵山庄卧室顶部灯具

7-49　蜀葵山庄有彩饰的玻璃门窗

7-50　蜀葵山庄室外台阶上的装饰

8. 流水别墅，美国宾夕法尼亚州贝尔河

Fallingwater, Bear Run, Pennsylvania, USA

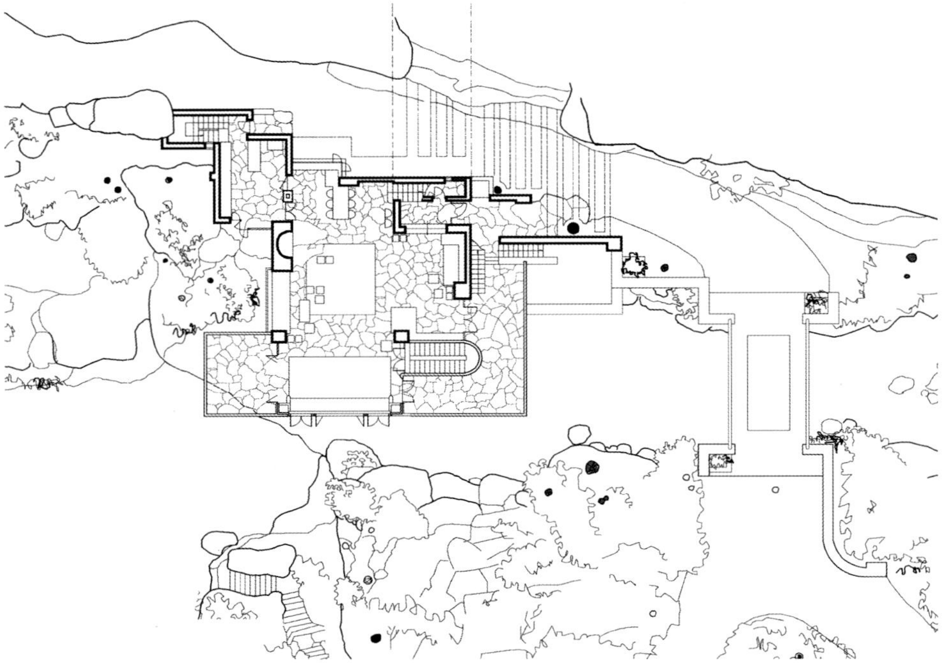

流水别墅的主人埃德加·考夫曼(Edgar J. Kaufmann)是匹兹堡的富商，热爱艺术，他的儿子小考夫曼幼时经常随父母出国旅游，对建筑很感兴趣。成年后小考夫曼在欧洲学习绘画和艺术理论，一本赖特的自传激发了他了解现代建筑艺术发展的愿望。1934年小考夫曼投奔赖特，在塔里埃森学社进行短期学习。考夫曼夫妇本来就认识赖特，1934年到塔里埃森探亲时进一步对赖特有所了解，考夫曼非常欣赏赖特的创作天才，邀请赖特为他在宾夕法尼亚州的贝尔河(Bear Run)上游密林中设计一幢周末度假别墅。赖特精心考察了现场，在溪流的几块大石头上停留了较长的时间，在讨论到别墅的位置时，赖特表示距离溪流近一些会更好。1935年9月，考夫曼再一次拜访塔里埃森时，

8-1　流水别墅首层平面
8-2　流水别墅二层平面
8-3　流水别墅三层平面

8-1
8-2 8-3

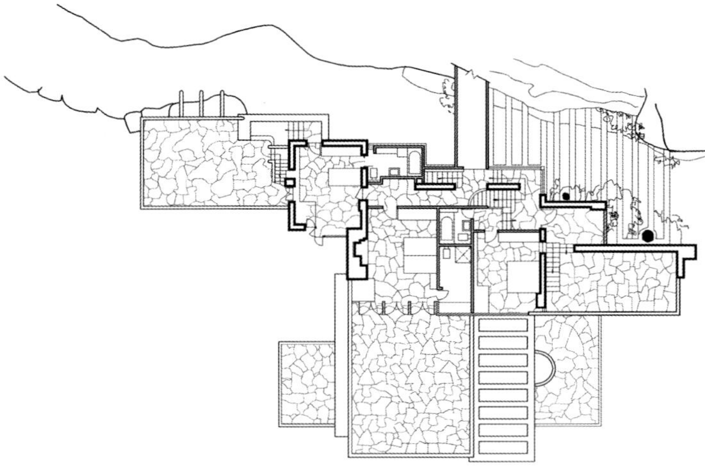

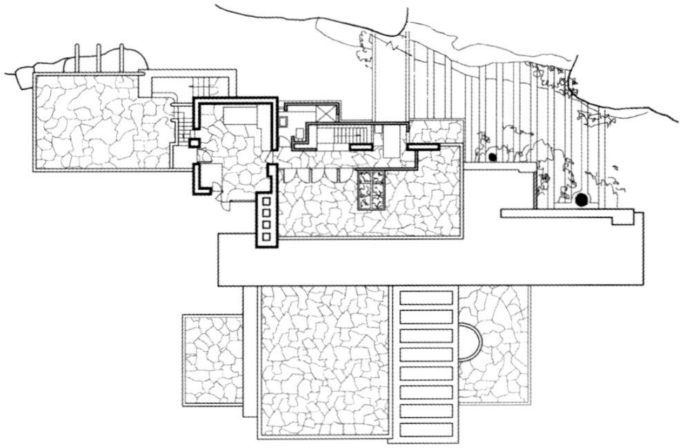

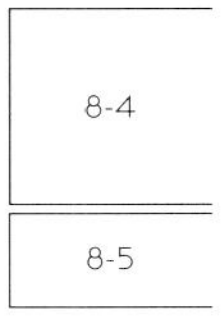

8-4　流水别墅南北方向剖面

8-5　流水别墅客房平面

1— 流水别墅主体；2— 曲廊；3— 客房；
4— 辅助用房及后院；5— 水池

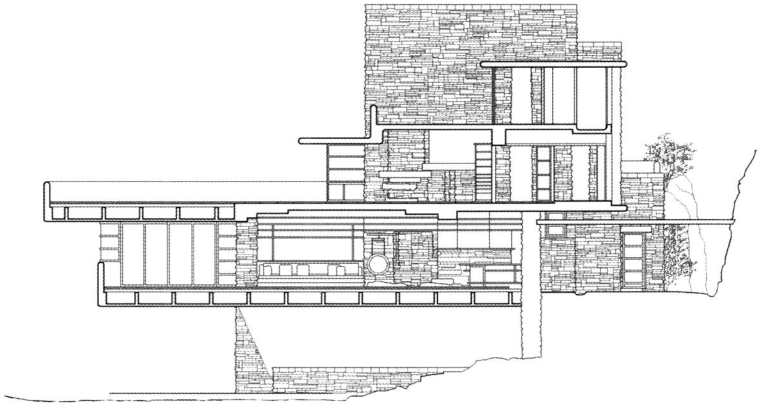

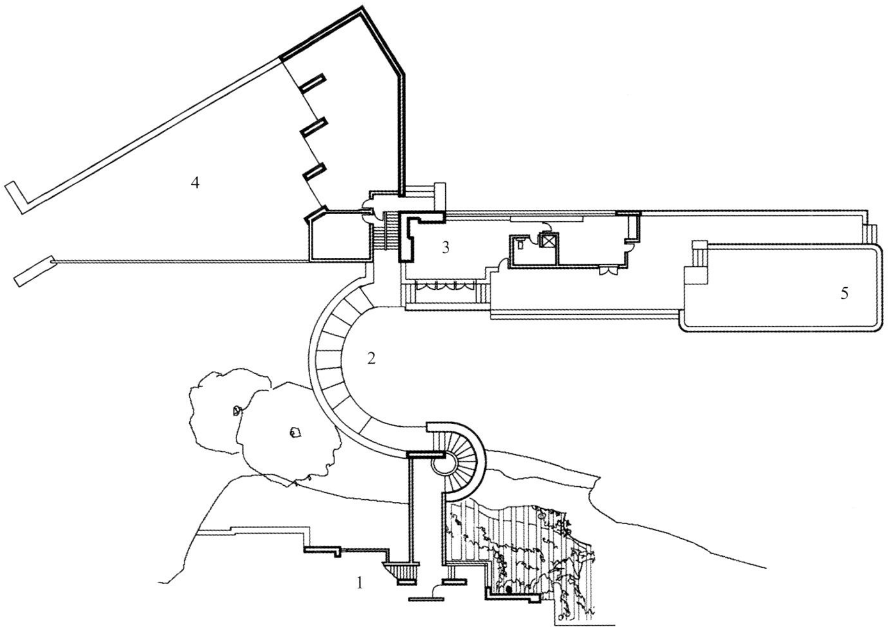

赖特已经完成了第一次草图，草图画在地形勘测图上，赖特选择了一块大石头作为设计的锚固点，建筑主体悬挑在溪流上，入口在东侧。一个月后，全部设计图送到匹兹堡，同时在北侧的山上增加了客房、车库和仆人用房，考夫曼一家对设计都很满意，考夫曼非常欣赏这个大胆的具有挑战性的设计。[21]

流水别墅建在溪谷的北侧，场地东西方向狭长，南北进深仅12m，建筑主体的北侧还要留出5m宽的通道。进入别墅须从溪谷南侧绕道，跨过一座小桥，从别墅主体的东北角进入一层主入口，绕行的路线使来访者可以从不同的角度欣赏建筑外貌。主入口很隐蔽，入口内有一个很小的门厅。首层起居室是多功能的开敞空间，有多处可以通向室外，不仅有东北角

㉑ Edgar Kaufmann, Jr.. Fallingwater: A Frank Lloyd Wright Country House [M]. New York: Abbeville Press Publishers, 1986:36-41.

8-6　远望流水别墅

的主入口，西北角经厨房可通向室外，东侧的两个门和西侧的一个门也可分别通向两侧室外挑台。起居室平面近似方形，约170m²，连接对角线可将室内划分成四个区，西侧是以壁炉为核心的家庭聚会处，南侧是客厅，东侧是书房，北侧是连接厨房的餐厅。起居室东南角有一个通向地下的开口(hatch)，开口上方是透光的雨罩，开口向下悬挂一个吊梯，吊梯直达溪流的水面，此乃别墅的精华所在，主人既可以零距离接近流水，又可仰望青天，夏日清风吹过，室内空气对流，形成自然的空气调节，既节能又环保。首层通向二、三层的楼梯布置在北侧，楼梯的空间处理非常别致，沿着楼梯一侧的墙面从上到下全是图书，像是进入了图书馆的书库，穿越楼梯可以通向后山的客房。别墅二层有3间卧室，两间是男、女主人的卧室，另一间是客房。3间卧室不仅各具卫生间而且都有一个室外大阳台，阳台分别向东、南、西三个方向出挑。考夫曼先生住在西侧的一间，房间并不大，书桌与转角落地窗的处理似乎是赖特有意表现个人设计技巧，考夫曼夫人的卧室相对宽敞，赖特有意提高女主人在家中的地位，卧室向南出挑的阳台，气势雄伟。客房与女主人的卧室虽然靠近并在同一标高，但彼此之间的联系则颇费周折，须上下楼梯，这种处理手法保证了两个房间各自的私密性，表现出赖特对功能的重视和空间处理技巧。二层东、西两侧挑台的地面标高略低于南侧的大挑台，使建筑造型更加丰富，西侧考夫曼卧室的阳台可以通向三层小考夫曼的卧室，东侧客房的阳台可向下通向首层起居室。三层是小考夫曼的空间，建筑面

8-7　流水别墅南立面

8-8　流水别墅的挑台与吊梯

8-9 俯视流水别墅挑台下的溪水

积较小，仅有一间卧室和一个视野开阔的小展廊，卧室和展廊的室外也分别设有阳台。小考夫曼希望卧室能见到早上的阳光，经赖特同意后在展廊内另设一个单人床，原卧室改为书房。流水别墅主体的建筑面积仅为380m²，而室外平台却有300m²，这种比例超出常规的概念。

流水别墅扩建的客房和辅助用房建在北侧的山坡上，与主体之间通过曲廊、楼梯、廊桥互相连接。平面为圆弧形的曲廊顺着山坡逐级下降，曲廊顶板是钢筋混凝土折板，轻巧、潇洒，曲廊尽端的楼梯是半圆形的转梯，楼梯与曲廊形成S形构图，半圆形楼梯通过架在主体北侧道路上的廊桥连接到流水别墅主体的二层。单层客房与两层的辅助用房组成L形体形，辅助用房的上层是办公和仆人卧室，下层是车库，车库外侧是停车场。客房区别有洞天，水池、山路精心设计，客房于1939年建成，为流水别墅画上了圆满的句号。

流水别墅的造型堪称完美，纵横交错的水平挑台与高低不等的直立石墙形成一组抽象的立体雕塑，既舒展又稳定，建筑完全融入自然环境，流水、树木与建筑交织在一起。粗石砌筑的壁炉烟囱高高耸立，成为构图中心，烟囱左右高低不等的几片石墙与之呼应。挑台与挑檐在三度空间内纵横交错，出挑之远超出常人想象。石墙的灰色与挑台的淡黄色既对比又和谐，土红色的钢门窗框点缀在挑台的阴影中。别墅的建筑细部处理极为精致，挑台、挑檐与花架虽然色彩一致，但体形与光影效果不同，认真分析三种元素的巧妙组合会得到很多启示。片石墙组合的纹理既是抽象图案又似天然生成，室内石墙与固定家具巧妙组合，女主人卧室内由石料砌筑的壁炉、壁龛和书架最为突出，是一组极为完美的雕塑。部分外窗没有窗框，玻璃直接插入石墙，形成粗与细、天然与人工的强烈对比。室内地面以当地的粗石铺砌，保持石料原有的质感，形态自然，首层起居室壁炉前的一块天然岩石凸出地面，赖特特意保存下来，以增加自然情趣，可谓锦上添花。室内外的空间流动在别墅设计中尽情发挥：室内空间低矮，窗的上皮连接顶棚，顶棚延伸至室外，人的视线自然地由室内扩展到室处；开窗横向通长，转角处取消竖向窗梃，视觉上似乎没有了障碍；室内墙面不加粉饰，室内外石墙的艺术处理完全一致，加强了室内外空间的连续性。流水别墅室内设计精雕细刻的程度达到了极致，室内装修全部由赖特设计，固定式家具与活动家具互相配合，甚至艺术品陈设的位置也由赖特确定。

流水别墅的结构设计与功能紧密结合，因地制宜。石墙基础直接砌在基岩上，基础梁则锚固在岩石上。一至三层的现浇钢筋混凝土楼板依山就势，层层后退，各层楼板的支撑方法并不一致，支撑楼板的各层石墙或石柱并没有全部上下贯通，只有厨房四周、壁炉烟囱和楼梯一侧的石墙由基础贯通到屋顶，保证建筑物的刚性。这种自由、灵活的支撑体系既是功能的需要也是现代建筑显示先进技术的一种方式。各层现浇钢筋混凝土楼板的处理方法也各不相同，例如，首层和二层的南侧挑台采用反梁的形式，下面是楼板，反梁在上面，既是建筑艺术的要求也有利于结构的维护。

流水别墅也并非完美无缺，考夫曼一家还没有入住前便发现女主人卧室挑台东、西两侧

8-10　流水别墅烟囱与挑台的构图组合

的钢筋混凝土矮墙有裂缝，由于挑台的矮墙与下面的楼板和悬臂梁是整体结构，矮墙的裂缝说明可能结构体系有问题，有人甚至预言房子会倒塌，使考夫曼一家非常担心。经各方专家分析，认为主要是施工的问题，由于钢筋混凝土楼板施工时没有遵循施工的规定，没有按照规定的要求抬高模板，以至灌注混凝土后模板下沉。此外，起居室南侧的钢窗立框将上、下两层挑台固定在一起，使首层荷载转到二层，造成二层挑台超载；室外温度的变化影响混凝土的胀缩，也会产生裂缝。负责施工的承包商是赖特选定的，但是赖特事先并没有见过这位承包商，施工时的设计代表是塔里埃森缺乏经验的学生，架在溪流上的小桥首先施工，由于质量不合格而被推倒返工，主体结构施工中也有将钢筋放错位置的现象。[22] 挑台的裂缝直到2001年才开始维修、加固，经多方筹资，历时三年，别墅恢复了原貌。上述缺陷主要是结构施工问题，由于施工的承包商是赖特选定的，赖特自然负有一定的责任，但无损大师的声誉，一幢建筑屹立64年后才维修也算不错了，更何况每日参观人数众多，大大超过预期的活荷载。

1963年小考夫曼将别墅捐赠给西宾夕法尼亚保护协会(Western Pennsylvania Conservancy)，他表示：谁也不能把别墅占为己有，这是属于全人类的杰作，而非个人的。

---

[22] Edgar Kaufmann, Jr. Fallingwater: A Frank Lloyd Wright Country House [M]. New York: Abbeville Press Publishers, 1986:41-51.

8-11 流水别墅的角窗与落地窗

8-12 | 8-13
8-14

8-12　俯视流水别墅西侧挑台

8-13　流水别墅挑台与岩石的契合

8-14　流水别墅北侧的小路

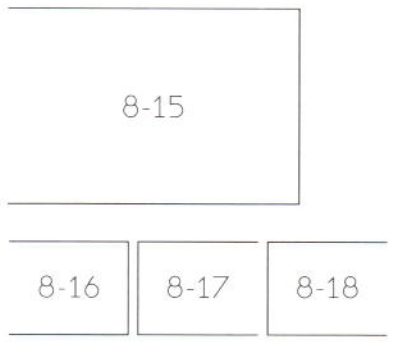

8-15 流水别墅北侧的主入口与花架

8-16 俯视流水别墅北侧小路上的花架

8-17 流水别墅的花架避开树干

8-18 俯视流水别墅通向溪水的小梯

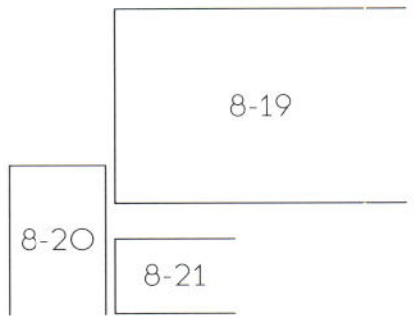

8-19　从首层挑台上透视通向溪水的小梯围墙和透光雨罩

8-20　从半圆矮墙的孔洞可以俯视溪水

8-21　流水别墅的挑台、空架与采光窗的组合

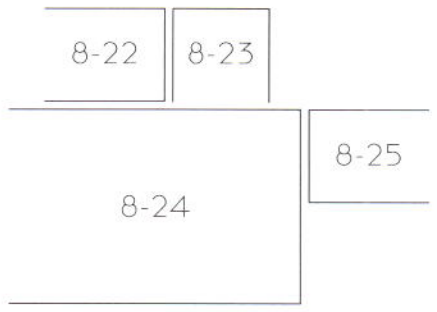

8-22　从流水别墅首层挑台通向二层挑台的吊梯

8-23　流水别墅二层西侧挑台的景观

8-24　流水别墅的空架可以悬挑得更远

8-25　流水别墅吊梯的细部处理

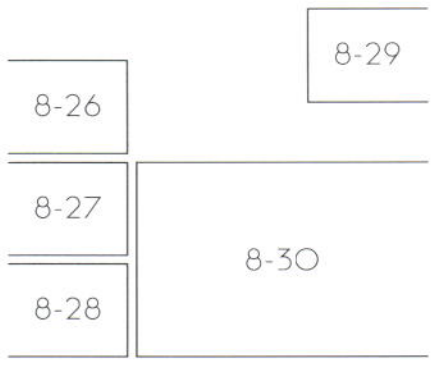

8-26　流水别墅二层西侧挑台通向三层卧室的小梯

8-27　流水别墅二层西侧挑台通向三层小梯的细部

8-28　流水别墅主入口内的小桌

8-29　流水别墅起居室的壁炉与地面的天然石块

8-30　流水别墅起居室壁炉旁的桌椅

8-31 流水别墅起居室南侧的休息区

8-32

8-33

8-32　流水别墅起居室南侧通向西挑台的出口

8-33　流水别墅起居室北侧的餐饮区

8-34　流水别墅起居室餐饮区的吊顶与通向厨房的小门

8-35　流水别墅起居室的吊顶采光

8-36　流水别墅起居室入口处的休息区

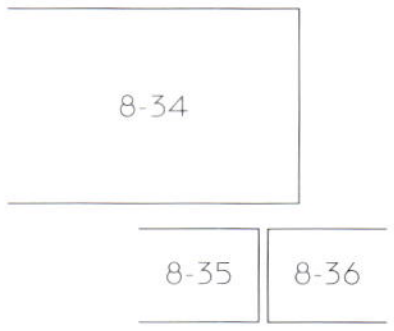

8-37 8-38

8-39

8-37　流水别墅起居室的读书区

8-38　流水别墅起居室读书区的固定式书架

8-39　流水别墅起居室书架与书桌的组合

8-40　从流水别墅起居室通向溪水的吊梯

8-41　流水别墅的吊梯与流水

8-42　流水别墅考夫曼的卧室

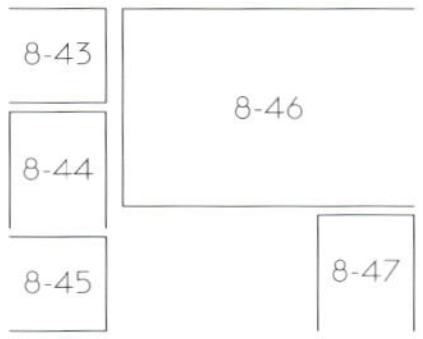

8-43　流水别墅考夫曼卧室独特的书桌

8-44　流水别墅考夫曼卧室的角窗

8-45　流水别墅考夫曼夫人的卧室

8-46　流水别墅考夫曼卧室的壁炉

8-47　流水别墅考夫曼卧室通向卫浴的小门

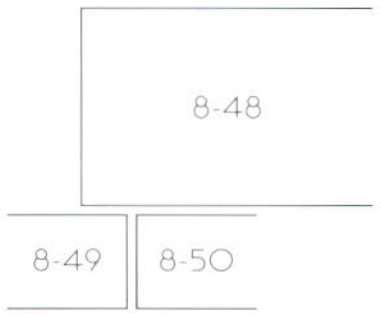

8-48　流水别墅考夫曼夫人卧室的石砌壁炉与书架

8-49　流水别墅考夫曼夫人卧室的书架与书桌组合

8-50　流水别墅考夫曼夫人浴厕中的化妆台

8-51 8-52

8-53

8-51　流水别墅考夫曼夫人的浴厕

8-52　流水别墅中的客房

8-53　流水别墅客房一侧的采光窗与墙面

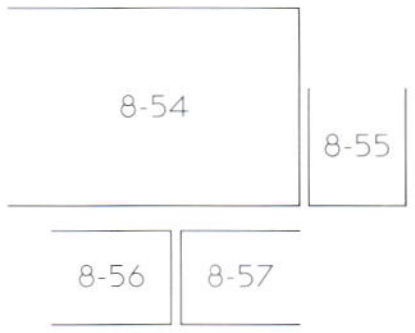

8-54　俯视流水别墅小考夫曼的书桌与角窗

8-55　流水别墅三层展廊通向小考夫曼的小卧室

8-56　流水别墅小考夫曼卧室（后改为书房）中的衣柜与书架

8-57　流水别墅小考夫曼卧室（后改为书房）中的壁炉

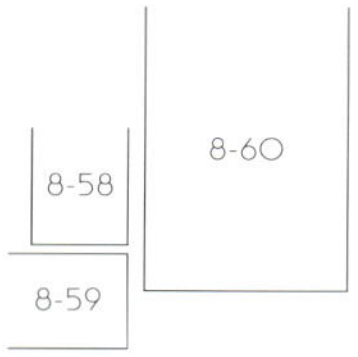

8-58　流水别墅三层小考夫曼的床与楼梯间的采光窗

8-59　流水别墅展廊与楼梯的空间流通

8-60　流水别墅展廊尽端与小考夫曼的小卧室

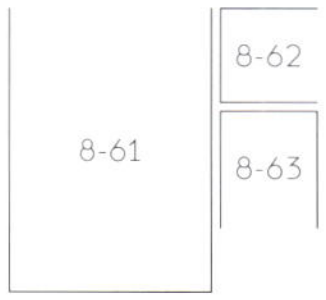

8-61　流水别墅的楼梯一侧是书架

8-62　流水别墅通向后山客房的圆楼梯与圆花池

8-63　流水别墅通向后山客房的圆楼梯细部处理

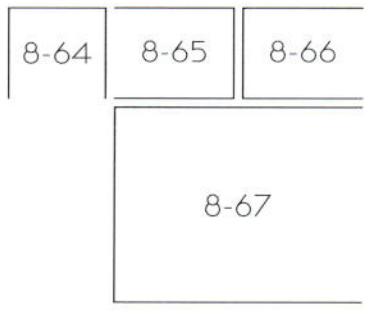

8-64 从流水别墅圆楼梯转向登山的曲廊

8-65 从流水别墅北侧小路仰视花架与圆楼梯

8-66 俯视通向流水别墅后山客房的圆楼梯与架在北侧小路上的花架

8-67 流水别墅圆楼梯与曲廊交接处的景观

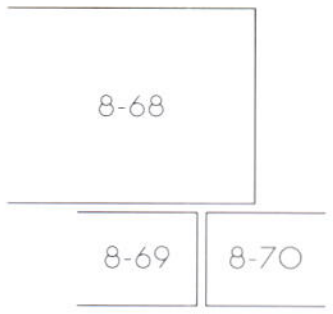

8-68　流水别墅曲廊具有雕塑感的踏步

8-69　俯视流水别墅通向客房的连廊与曲廊的交接处理

8-70　从流水别墅客房望连廊与曲廊

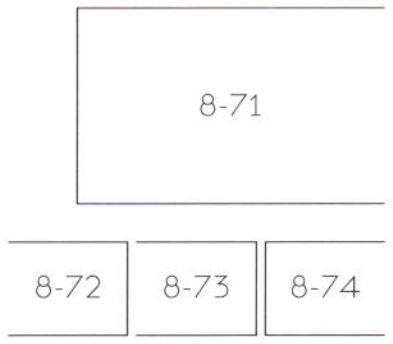

8–71　流水别墅折板式的登山曲廊

8–72　流水别墅的曲廊与客房

8–73　从流水别墅客房回望轻巧的曲廊

8–74　流水别墅曲廊与雕塑的组合

8-75　流水别墅客房透视

8-76 8-77

8–76　俯视流水别墅客房东侧的水池

8–77　从水池旁回望流水别墅客房

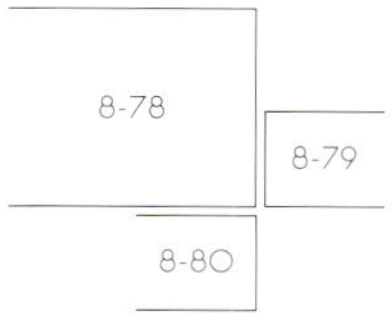

8-78　流水别墅客房的起居室

8-79　流水别墅客房内的铜制品

8-80　流水别墅客房后侧的辅助用房与停车场

8-81

8-82

8-81　流水别墅成为美国建筑的里程碑

8-82　从流水别墅主入口仰望后山的客房

9. 展翼住宅，美国威斯康星州拉辛市

Wingspread House, Racine, Wisconsin,USA

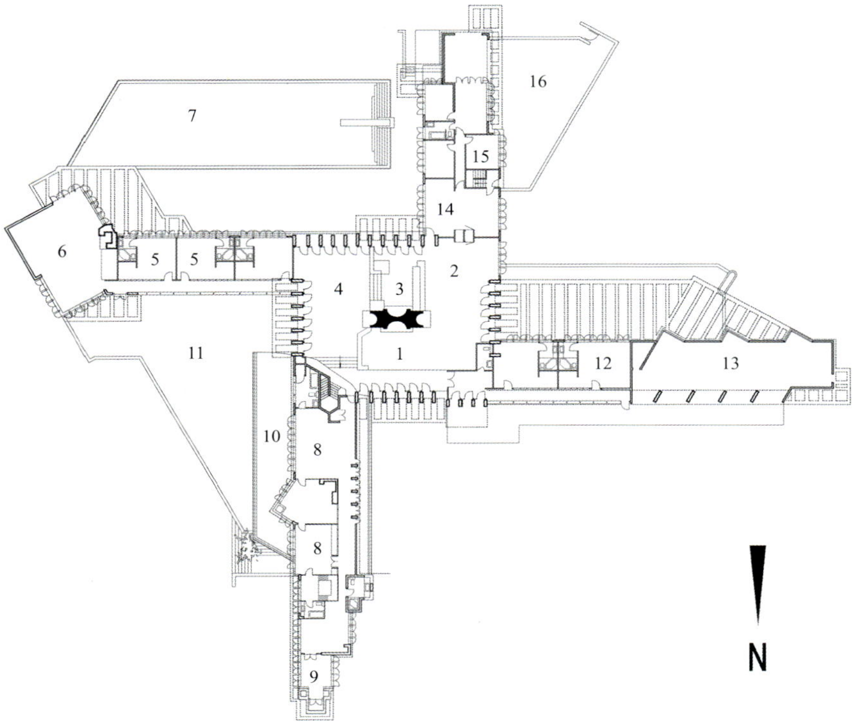

9-1 9-2

9-1　展翼住宅平面

1- 大厅；2- 餐厅；3- 图书室；4- 音乐室；5- 儿童卧室；6- 儿童游乐室；7- 游泳池；8- 主卧；9- 挑台；10- 上层平台；11 - 下层平台；12- 客房；13- 车库；14- 厨房；15- 仆人住房；16- 服务内院

9-2　展翼住宅北入口

展翼住宅的主人赫伯特·约翰逊(Herbert F. Johnson)是约翰逊制蜡公司(Johnson Wax Company)的总裁，以展翼命名是赖特的意见。展翼住宅是赖特设计过的最豪华的住宅，被赖特称为“最后一幢草原住宅”，赖特认为展翼住宅“表现得更大胆，具有阳刚之气，建筑形式和艺术处理更加直率”，“一生中从未见过的最好的砖砌工程”。[23] 展翼住宅位于威斯康星州的拉辛市(Racine)，住宅占地30英亩（约12hm²）。建筑平面形如风车，中心是矩形的中央大厅，从矩形的四角分别向东、南、西、北伸出四翼。中央大厅是高大的起居空间，以壁炉为中心，壁炉的烟囱高30英尺（约9.15m），首层的四个壁炉分别朝向四个方向，起居空间是多功能的，包括餐厅、书房、音乐欣赏和家庭聚会。中央大厅的屋顶为三层重檐的八面坡顶，重檐下是采光高窗，雄伟的烟囱冲破屋顶，形成拓宽的屋脊平台，螺旋楼梯从室内直通屋脊上的瞭望平台。约翰逊自己拥有飞机，飞机起降的地方距展翼住宅不远，促使赖特想到增加瞭望台平台观赏飞机的起降。展翼住宅造型新颖的重檐屋顶和瞭望平台再次展示了赖特的设计才华。高窗的光影投射在室内弧形墙面上，使丰富的室内空间增加了动感，以壁炉为中心的设计构思在展翼住宅中达到高潮。

[23] Robert C. Twombly. Frank Lloyd Wright: His Life and His Architecture [M]. New York: A Wiley-Interscience Publication, John Wiley & Sons, Inc., 1979:285-286.

9-4 9-5 9-3

9-3　展翼住宅客房入口

9-4　展翼住宅北入口前的场地

9-5　展翼住宅主卧西侧与北入口

展翼住宅四翼的功能各不相同，北翼是主人卧室并带有夹层和挑廊，挑廊的外立面为木质装修，有别于建筑其他部分的砖墙立面，东翼是儿童卧室和儿童游乐室，南侧是厨房和辅助用房，西侧是客房和车库。建筑物的四翼将室外空间分成四区：游泳池布置在儿童卧室南侧的东南区，泳池周围的台阶、地面、矮墙和花坛都处理得很细致；东北区是一个平台，实际上相当于内院，平台由主人与孩子们共享；客房南侧的西南区布置了花架，非常优雅，厨房的西侧增加了一个后院，西北区通向主入口，景观相对开敞。建筑物的四周似乎都是主立面而且“步移景异”，视觉焦点集中在中央大厅的重檐屋顶，烟囱伸出屋脊与瞭望台结合，突破了传统的屋顶概念。

1961年展翼住宅改为约翰逊基金会的会议中心，当时赖特已去世，赖特遗孀奥尔吉凡娜参加了基金会举办的纪念会，对展翼住宅的功能改变表示赞赏。1990年展翼住宅被评为“国家历史性地标”。[24]

㉔ Craig Canine. Wingspread [M]. Racine: The Johnson Foundation, Inc., 1997:37.

9-6 从展翼住宅主卧东侧看挑台

9-7 从展翼住宅主卧尽端挑台下望车库

9-8 展翼住宅主卧尽端挑台

9-9 展翼住宅的主卧西侧透视

9-10 展翼住宅主卧尽端立面

9-11 展翼住宅主卧东侧的两层平台

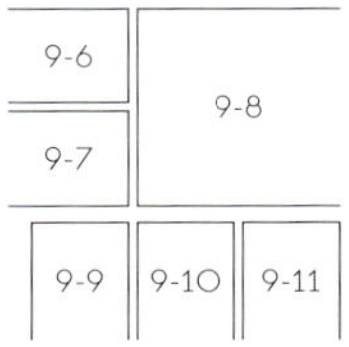

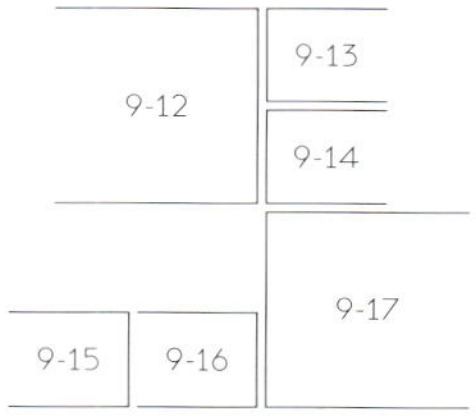

9-12　展翼住宅南立面

9-13　展翼住宅主卧东侧下层平台的围墙

9-14　展翼住宅南入口透视

9-15　俯视展翼住宅主卧东侧下层平台

9-16　展翼住宅主卧东侧通向上层平台的吊梯

9-17　从展翼住宅东侧看主卧的两层平台

9-18　从展翼住宅游泳池前望南入口与儿童卧室

9-19　展翼住宅儿童卧室前的景观

9-20　展翼住宅儿童卧室前的绿地与泳池

9-21　展翼住宅儿童卧室前花池的细部处理

9-22　展翼住宅的儿童卧室及南侧的游泳池

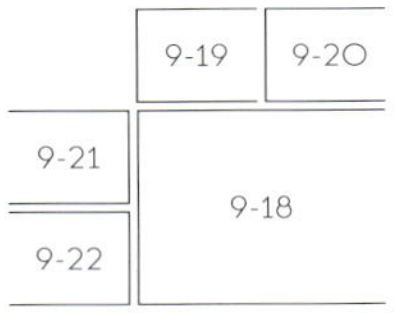

9-23 展翼住宅儿童活动室的壁炉外侧

9-24 从展翼住宅西南望客房与辅助用房

9-25 展翼住宅客房南侧花架

9-26 从展翼住宅南侧望车库与客房

9-27 展翼住宅客房南侧绿地

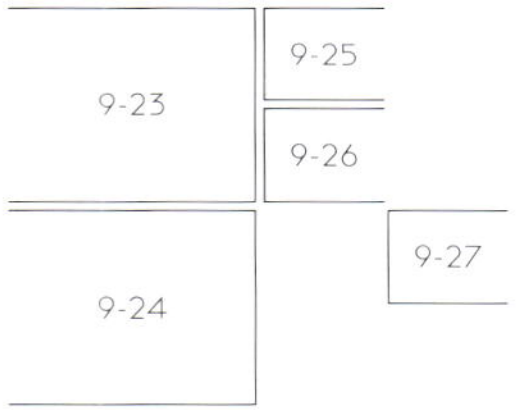

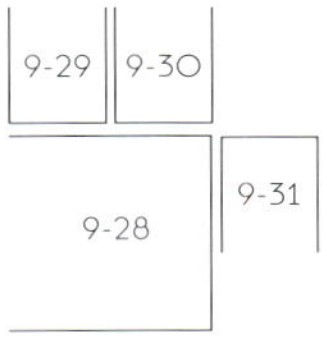

9-28　展翼住宅辅助用房的后院

9-29　展翼住宅客房南侧的花池

9-30　展翼住宅车库南侧的绿化处理

9-31　从展翼住宅客房前望厨房

9-32	9-33
9-34	

9-32　展翼住宅中央大厅壁炉前的图书阅览

9-33　展翼住宅中央大厅壁炉前的休息区

9-34　展翼住宅中央大厅的壁炉

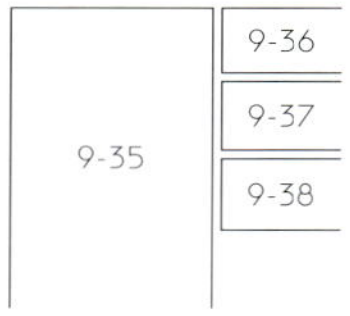

9-35　展翼住宅中央大厅的采光高窗与螺旋楼梯

9-36　展翼住宅的无障碍坡道

9-37　展翼住宅中央大厅的夹层

9-38　展翼住宅的儿童卧室改为办公室

10. 西塔里埃森，美国亚利桑那州菲尼克斯市

Taliesin West, Phoenix, Arizona, USA

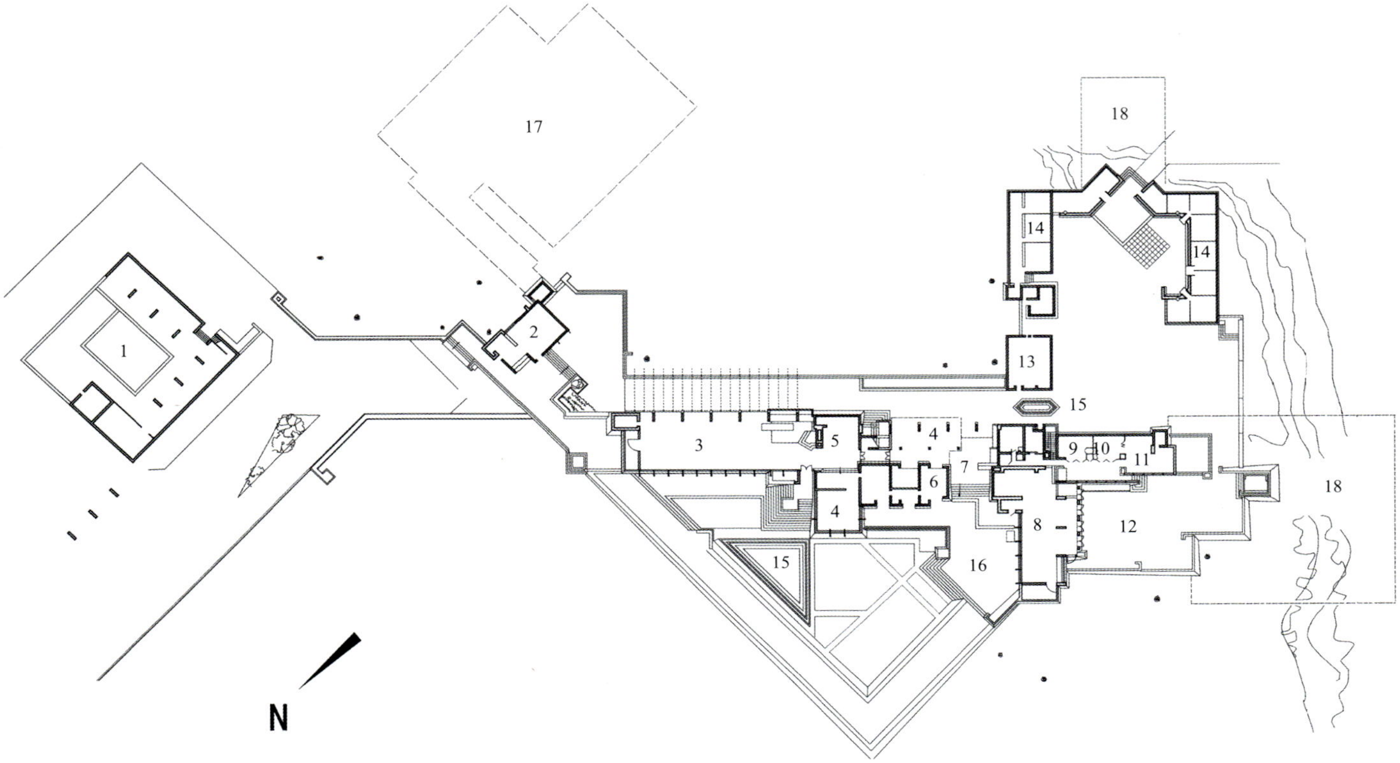

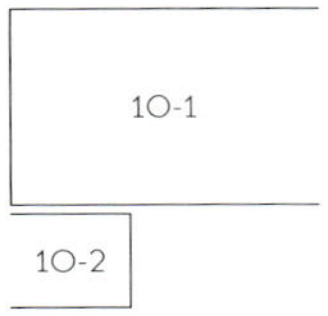

10–1 西塔里埃森校舍平面（本图是西塔里埃森早期平面，虚线是本书作者添加的后期扩建项目的位置）
1– 商店；2– 办公室（接待室）；3– 绘图室；4– 餐厅；5– 厨房；6– 卧室；7– 清风廊道；8– 花房与起居室；9– 赖特夫人卧室；10– 赖特卧室；11– 客厅；12– 内院；13– 影院；14– 学员宿舍；15– 水池；16– 日落台；17– 扩建音乐厅；18– 扩建宿舍

10–2 空中俯视西塔里埃森场区（红色标志是西塔里埃森校舍位置）

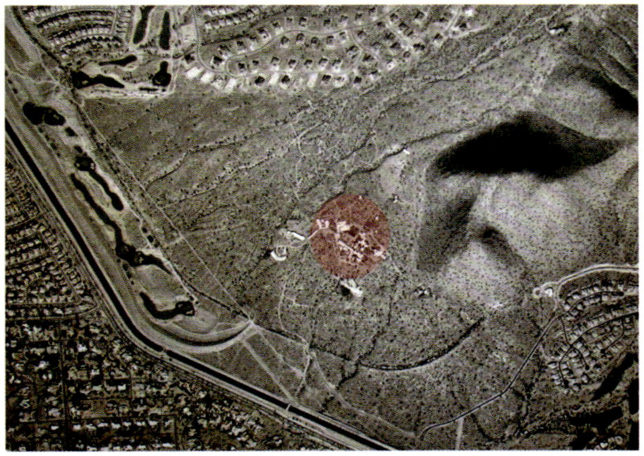

赖特夫妇曾于1927年1月访问过亚利桑那州的菲尼克斯，菲尼克斯的阳光和温暖给他们留下深刻印象，而威斯康星州的斯普林格林冬季则是既阴冷又潮湿。菲尼克斯的医生劝告赖特夫人，若每年冬季迁居菲尼克斯，避开北方的阴冷，赖特至少会延长生命20年。1936年赖特患了一次肺炎，促使赖特夫妇决定在亚利桑那州的沙漠内建立自己的“夏宫”、塔里埃森分校。他们在靠近菲尼克斯的斯科茨代尔(Scottsdale)买了800英亩的荒地，背靠麦克道尔山(McDowell)，遥望帕拉代斯谷(Paradise Valley)。当时四周几乎荒无人烟，设计图纸是赖特在现场的帐篷中绘制的，沙漠中的阳光强烈，白色绘图纸反射出眩光刺目，不得不改用深色的纸(brown butcher paper)。赖特亲自绘制了设计图，1938年分校建成，命名西塔里埃森(Taliesin West)，时年赖特已70岁。[25]

赖特的经济并不富裕，短期内建立一个分校何尝容易，如何建造最便宜的房子是他面对的首要问题。1929年赖特第二次到菲尼克斯接受另一项设计任务期间，赖特夫妇的住所靠近工地，采用木板墙、帆布顶，自己搭建了帐篷式的临时性建筑，白帆布既遮阳又透光，而且光线柔和。赖特发现搭建这种帐篷式的建筑比租房子经济适用，他把这种帐篷式的建筑营地亲切地称为“奥

㉕ Bruce Brooks Pfeiffer(author). Yukio Futagawa, (editor and photographer). Frank Lloyd Wright, monograph Vol.6 [M]. Tokyo: A.D.A. EDITA TOKYO, Co.,Ltd., 1980:63–64.

克蒂罗”(Ocotilla)，奥克蒂罗是当地常见的一种仙人掌的名称，建造西塔里埃森时赖特首先想到的模式就是“奥克蒂罗”。[26] 西塔里埃森的屋顶选用白帆布成为赖特的既定方针。此外，当地的石材坚硬、颜色丰富，就地取材可以不花一分钱，毛石墙以1∶10的水泥砂浆砌筑，砂子也可以从附近的旱河中挖取，木料选择了当地价格低廉的红木，施工全部依靠学员们自力更生。

西塔里埃森的建筑布局自由舒展，虽然大部分房间仍然按照XY坐标布置，但局部扭转45°，同时利用三角形的水池和花坛，丰富了建筑布局。绘图室布置在建筑布局的中心部位并与餐厅靠近。居住用房与绘图室之间隔着一个通透的连廊，赖特把它称作清风廊道(Breezeway)，顾名思义，这里的穿堂风很凉爽，清风廊道的上面是客房，清风廊道的西侧是一个开敞的平台，名为日落台(Sunset Terrace)，日落台与绘图室前的水池、草地共同形成艺术性很强的景观。起居室被称为花房(garden room)，家具全部是赖特亲自设计的，起居室内还陈列着赖特的大量收藏品，有些像博物馆。赖特夫妇的卧室并不大，与起居室共同围合出一个私密性的内院。学生宿舍与赖特住所之间隔着羽毛球场，从清风廊道穿越天桥可通向学生宿舍。商店布置在西塔里埃森入口处，可以对外开放。西塔里埃森建筑造型平缓，有3座塔楼丰富了建筑的轮廓线，这3座塔楼分别是入口处的灯塔、起居室后面的水塔和绘图室旁的钟塔，钟塔居中。钟塔是学校的符号，对西塔里埃森而言其象征意义更多些，因为西塔里埃森无需打钟上课，或许紧急情况时会需要。

西塔里埃森是建筑与自然环境融合的典范，建筑造型与山形的走向一致，缓坡屋顶像是地面的自然起伏。石墙选用当地石料，更加突显了建筑的地方色彩。建筑四周与地面的接触通过平台和踏步的处理加以衬托，踏步高4英寸，宽16英寸，坡度很缓，平台和踏步成为建筑造型不可缺少的元素。绿色的草地、蓝色的水池、顽强屹立的仙人掌都参与了建筑构图，进一步完善了建筑与环境的和谐。西塔里埃森的许多细部设计都独具匠心：绘图室面向城市干道的开窗只能向下看而不能远望，因为赖特认为远处的高压电杆破坏了沙漠的自然景观；绘图室东侧的红木廊架是室内外的过渡空间，阳光照射下投在地面的动态阴影丰富了外部空间。赖特卧室外廊的玻璃窗上挖了个圆洞，一个陶土罐卡在洞口，一半在室外，一半在室内，这种小技巧不知为了表达高科技还是暗示流动空间。

走马看花恐怕很难对西塔里埃森有深刻的理解，下面引用一段清华大学汪坦教授的体会，1948年汪坦教授曾在赖特门下学习一年，他在《塔里埃森散记》中有以下描述：“在大块蓝天中，几片奔驰着的白云傲岸独立，超高仙人掌猛扑过来，彩色夺目的奇花异草从沙砾的缝隙间挣挤而出，然后连成一片，显得坚忍不拔。迎面出现的参差起伏、倾斜的毛石墙垛，砌筑粗犷，有似画家运用笔触那样给建筑增添的活力。屋面上外露的红木曲梁，锯而未刨，木纹、节印、斧痕、钉迹轩然在目。窗门形状无规则，有时甚至并不垂直。这里找不到“教科书知识”的落脚处。已经不是什么超凡脱俗，而是深刻的挑战。……登阶入室之后，我不禁愕然呆立！图书馆尽端为巨石成堆的峭壁，与室顶相遇处留了一段空隙，仰望可以观天。垂枝挂藤、临风扶疏，峭壁下壁炉炉床下沉成池。每逢骤雨，悬崖流泉，岂非洞天山堂，道家养气之所。建筑竟能把人领到如此感人的境界，性格鲜明，内涵深湛，而和生活息息相关，非其他艺术可拟。”[27] 由于西塔里埃森不断地修改和扩建，汪坦教授描绘的景象今日有些似乎已不复存在。

西塔里埃森建成后不断改进和扩建，把自己的房子作为试验场所是赖特一贯的指导思想，学校规模不断扩大是另一个重要因素，学员人数开始仅有30人，至1945年增加了一倍，1948年在办公室后面建造了新的音乐厅(Music Pavilion)和小剧场(Cabaret Theatre)，餐厅在原地扩建，宿舍也不断增加。1941年，当西塔里埃森的主体部分建成后，赖特夫人奥尔吉凡娜建议采用一部分玻璃，被赖特拒绝了，赖特说：“这里不能有1英寸的玻璃，这是帐篷式的建筑。”[28] 赖特夫人以后又不断地建议采用玻璃，赖特终于采纳了她的意见，首先在起居室采用了玻璃，1956年西塔里埃森再一次进行建筑翻修，采用了更多的玻璃。选用玻璃替代帆布的另一个重要理由是帆布的质量降低，赖特曾试图选用其他代用品如橡胶纤维，但新产品的质量并不过关，据说赖特早就意识到帆布迟早要被玻璃取代，最终不得不妥协。

西塔里埃森是赖特有机建筑理论的杰出代表，是当今流行的地域主义建筑的先驱，初期的西塔里埃森比今日的西塔里埃森更具有历史价值，若能将西塔里埃森部分建筑恢复到初期面貌，相信对后人探讨赖特的设计思想会更有意义。

㉖ Bruce Brooks Pfeiffer(auther). Yukio Futagawa, (editor and photographer). Frank Lloyd Wright, Taliesin West [M]. Tokyo: A.D.A. EDITA TOKYO Co., Ltd., 2002:44.

㉗ 汪坦．塔里埃森散记 [J]. 世界建筑，1993（2）:15.

㉘ Bruce Brooks Pfeiffer(author).Yukio Futagawy(editor and photographer). Frank Lloyd Wright, Taliesin West [M]. Tokyo: A.D.A. EDITA TOKYO Co.,Ltd., 2002:34.

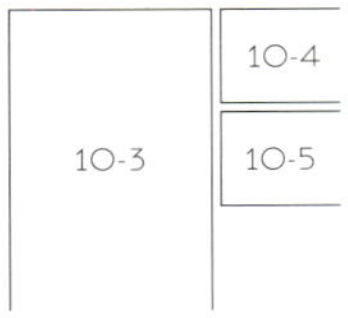

10–3 西塔里埃森入口标志、灯塔与喷水池的组合

10–4 西塔里埃森标志

10–5 远望西塔里埃森入口

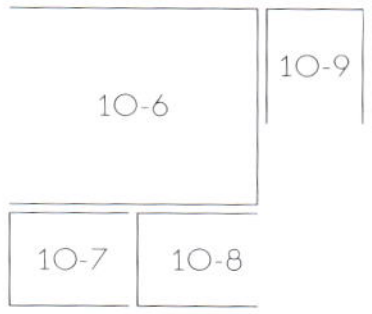

10-6　仙人掌后面是西塔里埃森的绘图室

10-7　西塔里埃森办公室立面，现为接待室

10-8　西塔里埃森办公室与扩建的音乐厅

10-9　西塔里埃森办公室内一角

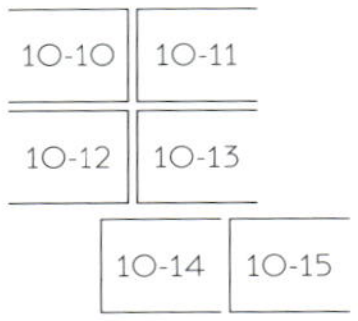

10-10　西塔里埃森绘图室前的水池与巨石

10-11　连接西塔里埃森起居室与绘图室的清风廊道与上层客房

10-12　西塔里埃森日落台前的台阶处理

10-13　西塔里埃森绘图室前的景观

10-14　远望西塔里埃森的日落台与起居室

10-15　西塔里埃森绘图室西侧透视

10-16　从西塔里埃森清风廊道东侧透视餐厅

10-17 西塔里埃森红木廊架的细部

10-18 从西塔里埃森的清风廊道望扩建的餐厅

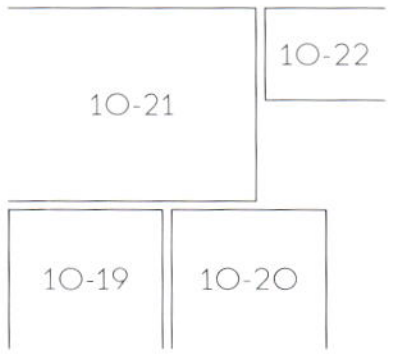

10-19　西塔里埃森绘图室东侧的红木廊架

10-20　透过西塔里埃森的红木廊架望绘图室的高窗

10-21　俯视西塔里埃森东侧通道，左面是高起的钟塔

10-22　西塔里埃森的钟塔与通向二层客房的室外楼梯

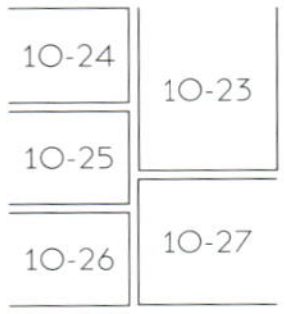

10-23　西塔里埃森室外楼梯与通向厨房的小门

10-24　西塔里埃森的绘图室

10-25　西塔里埃森绘图室的屋顶结构

10-26　仰视西塔里埃森的屋顶与室外楼梯

10-27　西塔里埃森餐厅

10-28　从西塔里埃森日落台透视起居室

10-29　西塔里埃森的屋架与毛石墙

10-30　通向西塔里埃森起居室小门的开启状态

10-31　西塔里埃森起居室屋顶结构

10-33 10-34
10-32 10-36
10-35

10-32　西塔里埃森起居室的壁炉

10-33　西塔里埃森起居室中赖特设计的蝴蝶椅

10-34　西塔里埃森起居室蝴蝶椅的家具组合

10-35　西塔里埃森起居室的方形家具组合

10-36　西塔里埃森起居室的家具与灯具

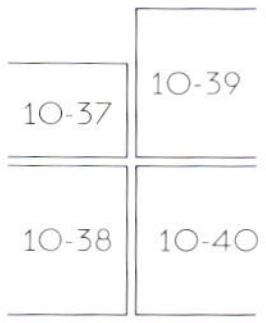

10-37　西塔里埃森起居室的绿化

10-38　西塔里埃森起居室屋顶结构细部

10-39　西塔里埃森起居室的日本屏风

10-40　从西塔里埃森起居室望内院

10-41	10-42
	10-43
10-44	10-45

10-41　西塔里埃森起居室的钢琴

10-42　西塔里埃森赖特夫妇卧室外廊入口

10-43　从西塔里埃森内院望起居室

10-44　西塔里埃森起居室与展廊交接处的处理

10-45　西塔里埃森的展品一半在室内一半在室外

10-46 西塔里埃森赖特卧室内的床

10-47 西塔里埃森赖特夫人的卧室

10-48 西塔里埃森赖特卧室内的壁炉

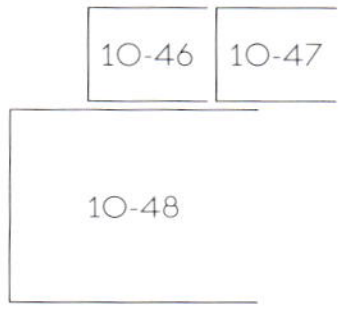

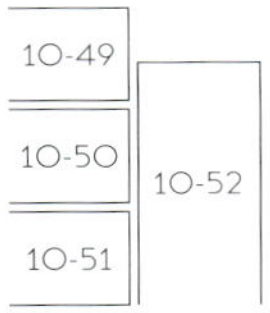

10-49	10-52
10-50	
10-51	

10-49 从西塔里埃森内院透视赖特夫妇的住所与后面的水塔

10-50 通向西塔里埃森扩建宿舍的小门

10-51 穿越西塔里埃森天桥通向学员宿舍区

10-52 西塔里埃森的水塔、水池与天桥

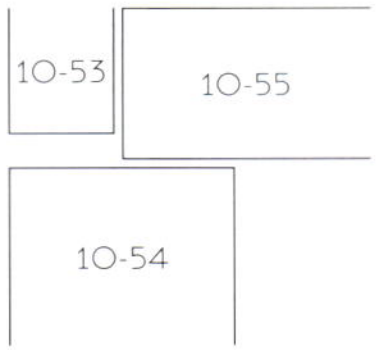

10-53　西塔里埃森水塔下石墙的空间组合

10-54　西塔里埃森办公室与音乐厅的红色小门

10-55　西塔里埃森水塔下的水池

10-56 10-57
10-58 10-59

10-56 西塔里埃森音乐厅内的走廊

10-57 西塔里埃森音乐厅室内

10-58 西塔里埃森音乐厅舞台

10-59 西塔里埃森音乐厅入口内小厅的铜牌上是中国哲学家老子的名言

10-60	10-61
	10-62

10-60 西塔里埃森小剧场室内

10-61 西塔里埃森小剧场入口

10-62 西塔里埃森小剧场侧廊

10-63	10-64
10-65	
10-66	10-67

10-63　从侧面望西塔里埃森音乐厅及前面的小剧场屋顶

10-64　西塔里埃森的礼品商店

10-65　西塔里埃森礼品店屋顶

10-66　西塔里埃森保存的琉璃制品是米德韦花园游乐场拆除后的遗物

10-67　西塔里埃森保存的刻有印第安图文的石块

11. 佛罗里达南方学院，美国佛罗里达州莱克兰市
Florida Southern College, Lakeland, Florida, USA

佛罗里达南方学院是一所私立学校，位于佛罗里达州的莱克兰(Lakeland)，学院建立于1856年，校园最初建在奥兰多市区，以后多次迁址，1922年迁至莱克兰。1938年学院的院长卢德·斯皮维(Ludd Spivey, 1886-1925年)聘请赖特为学院进行校园规划与建筑设计，斯皮维希望将校园建成伟大的教育神殿。

佛罗里达南方学院是赖特作品中规模最大的公共建筑群，规划中共有18幢建筑，围绕着一个壮观的水池，校园位于一片坡向湖边的绿地中，面向霍林斯沃思湖(Hollingsworth Lake)，总体布局自由、舒展，为了遮挡强烈的日晒和加强建筑群的整体性，建筑物之间以廊道(Esplanade)相连。1938至1953年，赖特为该校设计并建成了9项工程，包括：法伊弗教堂(Annie Pfeiffer Chapel)、3幢研习教室(Three Seminar)、图书馆(E. T. Roux Library)、行政馆 (Administration Building)、工业美术馆(Industrial Arts Building)、丹福思教堂(William H. Danforth Chapel)、科学与宇宙馆(Science and Cosmography Building)、水池(Water Dome)及连接各幢建筑的廊道。

法伊弗教堂于1941年建成，是佛罗里达南方学院的标志性建筑，也是赖特为该校设计的最高建筑。法伊弗教堂建在一片高地上，是校园内最早建成的建筑，教堂平面布局沿着X、Y两个轴线对称，教堂平面为六角形，室内有1000个座位，教堂的四角是楼梯间。教堂的墙体由装饰性混凝土砌块砌筑，部分砌块内镶嵌了小块的彩色玻璃，增添了像是珠宝盒的装饰效果。舞台上方有一片预制混凝土浇筑的装饰性透空

11-1　通向法伊弗教堂的廊道

11-2　“太阳之子”在佛罗里达南方学院校园的位置（建筑之间的红色线为廊道）
1- 法伊弗教堂；2- 丹福思教堂；3- 图书馆；4- 行政馆；5- 水池；6- 研习教室；7- 工业美术馆；8- 科学馆

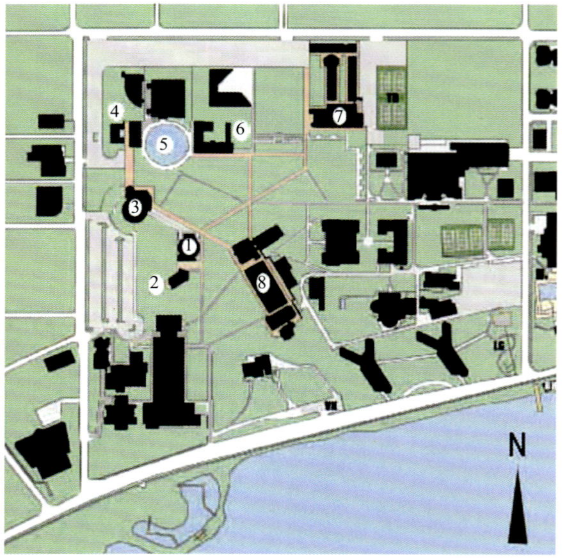

11-1
11-2

架子，非常醒目，不仅分割了空间也加强了室内的装饰性。教堂的挑台和屋顶为钢筋混凝土结构，教堂顶部装饰性的钢塔架作为教堂钟声的共鸣器，塔架在校园各处均可看到，钢塔架与教堂的顶部采光结合，保证了室内的照明。

11-3 法伊弗教堂透视

11-4 法伊弗教堂首层平面

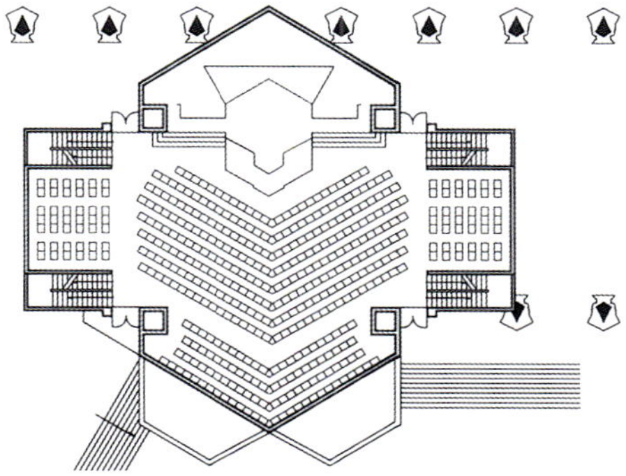

11-5
11-6 11-7 11-8

11–5 法伊弗教堂前的绿化景观

11–6 从廊道下望法伊弗教堂

11–7 连接法伊弗教堂的廊道

11–8 连接法伊弗教堂廊道的细部处理

11-9　学生在法伊弗教堂前的廊道下聚会

11-10　法伊弗教堂的二层挑台

11-11　法伊弗教堂顶部装饰性的钢塔架

11-12　法伊弗教堂入口

11-13　法伊弗教堂与丹福思教堂的连接

11-9 11-10
11-11
11-12 11-13

11-14 | 11-15

11-14 法伊弗教堂楼梯间墙面镶嵌的小块彩色玻璃

11-15 法伊弗教堂楼梯间彩色玻璃的光影效果

11-16　六角形平面的法伊弗教堂

11-17　法伊弗教堂室内二层挑台与采光天窗

11-18　法伊弗教堂的舞台与装饰性墙架

11-19　法伊弗教堂台口上方的装饰性透空墙架

11-20　法伊弗教堂二层挑台与装饰性墙架

11-16
11-17　11-18　11-19
11-20

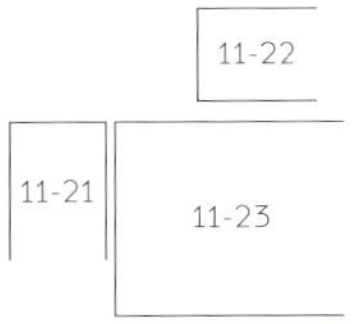

11-21　仰视法伊弗教堂采光天窗

11-22　法伊弗教堂舞台后侧

11-23　法伊弗教堂室内装饰性砌块墙面

11-24　法伊弗教堂室内通风孔道

11-25　法伊弗教堂装饰性透空墙架细部

11-26　法伊弗教堂镶嵌玻璃的装饰性砌块

11-24

11-25 11-26

11-27 丹福思教堂的左侧是法伊弗教堂

11-28 丹福思教堂与法伊弗教堂的联系

11-29 丹福思教堂透视

11-30 丹福思教堂的大窗与挑檐

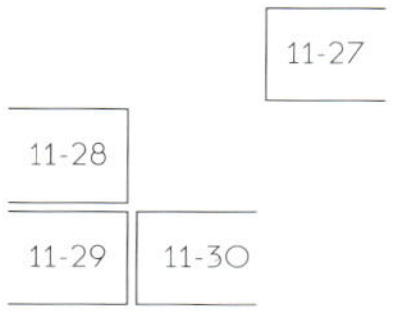

丹福思教堂通常被称为“小教堂”(Minor Chapel)，位于法伊弗教堂的西南，屋顶造型和大玻璃窗与众不同，大玻璃窗上的屋檐高高翘起，像是一把尖刀。丹福思教堂与法伊弗教堂相距很近，由于两者的风格相差较多，似乎有些不够和谐。

图书馆于1946年建成，由一个圆形阅览室和一个矩形体块办公区组合而成，入口在两个体块的衔接处，矩形体块的建筑由三角形天窗采光，虽然建筑物只有一层，由于开窗位置的不同，矮墙高低的变化，建筑材料的对比以及廊道的衬托，建筑造型非常丰富，预制混凝土砌块砌筑的圆形阅览室外观典雅，令人印象深刻。该馆现名巴克纳馆(Thad Buckner Building)，也称赖特访问中心或“太阳之子”访问中心(“Child of the Sun”Visitor Center)，中心的室内按原设计布置，环形阅览桌和天窗采光的效果很好，沿着外墙增加了展板，介绍赖特为该校作出的贡献，昔日浇筑预制混凝土砌筑的模具也在展品之列。

11-31　从廊道一侧望图书馆

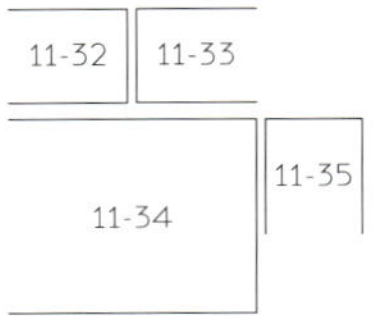

11-32　图书馆与廊道的连接

11-33　图书馆门厅与阅览室

11-34　典雅的图书馆阅览室外墙

11-35　通向图书馆的台阶

11-36　图书馆入口的体形处理

11-37　图书馆入口与廊道

11-38　图书馆办公室的顶部采光

11-39　远望图书馆的办公区与廊道

11-40　图书馆室内

11-41	11-42	11-43
11-44		11-45

11-41　沿图书馆外墙的展板

11-42　图书馆室内采光

11-43　图书馆内展出的赖特照片

11-44　连接图书馆的廊道

11-45　建造图书馆的混凝土砌块与模具

行政馆现名沃森—法恩行政馆(E.E. Watson and B. Fine Administration Building)，研习教室原为三幢分开的建筑，建筑之间有内院，1958年连为一体用于行政办公。工业美术馆现名奥德韦馆(L. P. Ordway Building)，馆内有开阔的庭院，圆形的讲堂成为内院的构图中心，连廊的穿插丰富了建筑空间，高窗采光保证了室内的照明。

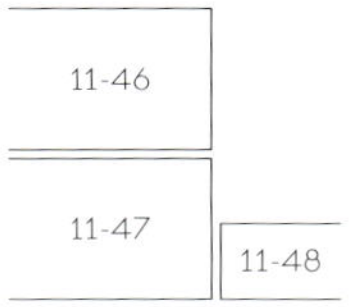

11-46　行政馆与廊道的连接

11-47　行政馆入口柱廊细部

11-48　行政馆入口柱廊

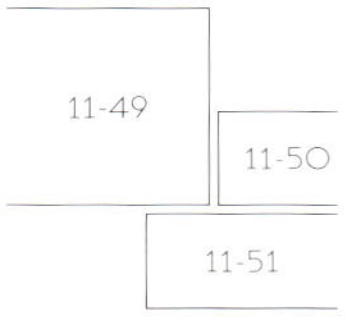

11-49　行政馆挑檐细部

11-50　行政馆的透空挑檐

11-51　行政馆侧面透视

11-52　研习教室外廊细部

11-53　从研习教室望教堂

11-54　研习教室外廊

11-55　远望研习教室

11-56　研习教室透视

11-52 11-53

11-54

11-55 11-56

11-57　工业美术馆的内院

11-58　通向工业美术馆的步行道

11-59　工业美术馆前的廊道

11-60 从工业美术馆内院挑檐下望绿地

11-61 工业美术馆内院四面围合的大挑檐

11-62 工业美术馆内院对称的布局与尽端不对称的处理

11-63 从工业美术馆内院尽端转角柱廊下望内院

11-64 从工业美术馆内院尽端回望

11-60 11-61
11-62
11-63 11-64

11-65
11-66

11-65　工业美术馆内院转角处的圆形讲堂

11-66　从挑檐下望工业美术馆圆形讲堂

11-67　工业美术馆的圆形讲堂

11-68 11-69 11-70 11-71 11-72

11-68　工业美术馆外侧的廊道

11-69　工业美术馆通向内院的入口

11-70　工业美术馆大挑檐下的落地窗

11-71　工业美术馆外侧廊道与绿地

11-72　工业美术馆外侧廊道转角处理

11-73 工业美术馆外侧绿地

11-74 工业美术馆的采光高窗

11-75 工业美术馆外侧廊道的矮围墙

11-76 工业美术馆室内高窗采光

11-73

11-74

11-75

11-76

科学与宇宙馆现名波克县科学馆(Polk County Science Building)，建筑平面为L形，转角处为一个圆形的穹顶，该馆是首先使用铝材的建筑，1958年建成，科学馆是赖特设计的建筑群中最后建成的一幢建筑。科学馆屋顶上的设备成为科学馆的重要标志，入口的处理很有特色，围合下沉式天井的花池与大台阶丰富了建筑造型。

11-77 科学馆透视，远处可见穹顶

11-78　科学馆入口一侧的弧形墙面

11-79　科学馆入口

11-80　科学馆转角处内侧为穹顶

11-81　科学馆的正方形窗孔

11-82　科学馆外廊与挑檐

11-83　科学馆通向下沉内院大台阶入口的花池

11-84　从科学馆一侧廊下望后侧透视

11-85　科学馆通向下沉内院的大台阶

11-82	11-83
11-84	11-85

11-86　科学馆后侧转角柱廊内的金属隔墙

11-87　科学馆的后院围墙

11-88　科学馆后侧转角柱廊的金属支柱

11-89　远望科学馆后侧的转角柱廊

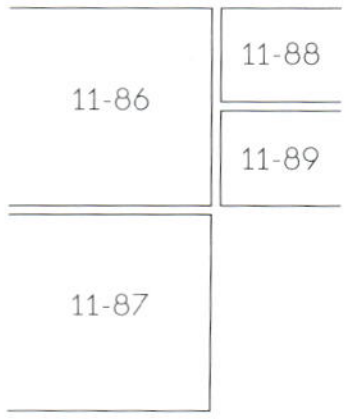

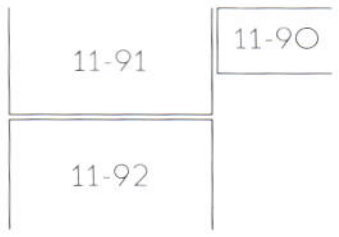

11-90 科学馆与廊道的连接

11-91 连接科学馆的廊道入口处理

11-92 科学馆室内通道

11-93　从图书馆通向行政馆的绿色廊道

11-94　绿色廊道的台阶与坡道

11-93 | 11-94

赖特设计的廊道连接着他本人设计的几幢建筑，未与廊道连接的建筑物均非赖特设计，泾渭分明。赖特设计的廊道蜿蜒曲折，总长约1.5英里（约2.4km）。廊道不仅在功能方面有防晒的作用，也是建筑群体型组合的关键环节，由于每幢建筑的尺度较小，相距又较远，难以围合出外部空间，廊道有效地解决了这个问题。廊道的布局纵横交错，形成丰富的抽象构图。各段廊道的处理手法也巧妙不同，连接图书馆与行政馆的绿色廊道最有气魄，不仅是高低变化的双行道而且中间设有花池，顶部透空采光。大部分廊道仅由一根柱子支撑，柱子的截面为三角形，支撑顶板的牛腿也是三角形锥体而且铸有抽象花纹，廊道支柱犹如锥体组合的雕塑。廊道净高很低，略高于6英尺（约1.8），有人取笑说廊道是按照“赖特的尺度”设计的，据说赖特身高约1.74m，在美国人中不算高。降低廊道应当是体形组合的需要，因为大部分建筑均为单层，只有降低廊道才会形成造型的高低变化。廊道使赖特设计的建筑群提高了艺术水平，在佛罗里达南方学院中别具一格。

赖特为该校设计的水池与喷泉是建筑群的核心，水池与喷泉很壮观，圆形水池的直径为160英尺(约49m)，喷泉的水喷射高度达到45英尺(约14m)，喷泉形成一个圆形的穹顶，赖特把这个喷泉称为“水的穹顶”(Dome of Water)。水池于1948年部分建成，至2007年才按原设计全部建成，我们参观过程中未见到“水的穹顶”壮观场面，但水池旁有文字说明。

在校园早期建设的12年中，赖特经常亲临现场指导工作，赖特曾自豪地称之为“真正的美国校园”，一种新型的美式有机建筑。赖特设计的几幢建筑的墙体均采用“装饰性砌块体系”(Textile Block System)，砌块表面不仅有凹凸的线脚，部分砌块还规律地嵌有小块彩色玻璃，赖特把他设计的砌块体系建造的建筑称之为“太阳之子”(Child of the Sun)，他认为这种建筑是“来自大地，生活在阳光中”。[29] 砌块的浇筑与施工由该校学生自力更生，学生的劳动收入顶替了学费。赖特在佛罗里达南方学院设计的建筑群于1975年被列入“国家历史性地标”的登记册，由于功能的改变，有些建筑已经改变了面貌，在有关部门的关注下，学院正在研究如何全部恢复原貌，据说需要资金5000万美元，预计需要10年。佛罗里达南方学院目前占地约0.4km²，已建造64幢建筑，由于“太阳之子”的存在，使校园有可能成为“国家历史性地标”。

㉙ Information of Florida Southern College. 2009.

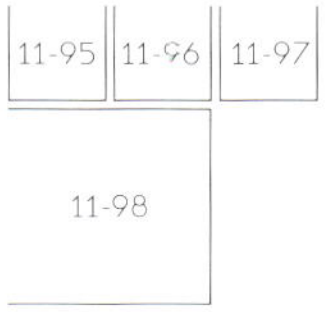

11-95　绿色廊道顶部透空的架子

11-96　绿色廊道花池的构图

11-97　绿色廊道的花池、踏步与光影

11-98　绿色廊道的高低变化

11-99

11-100

11-99　绿色廊道顶部的高低变化

11-100　从绿色廊道内看顶部变化

11-101　单柱支撑的廊道

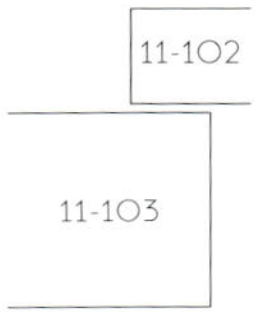

11-102　单柱廊道的转折

11-103　单柱廊道穿行于绿化中

11-105 11-107
11-104 11-106 11-108

11-104　锥体组合的单柱

11-105　三角形截面的单柱与三角形花池

11-106　靠墙廊道的采光孔

11-107　廊道与绿化的配合

11-108　廊道与道路的配合

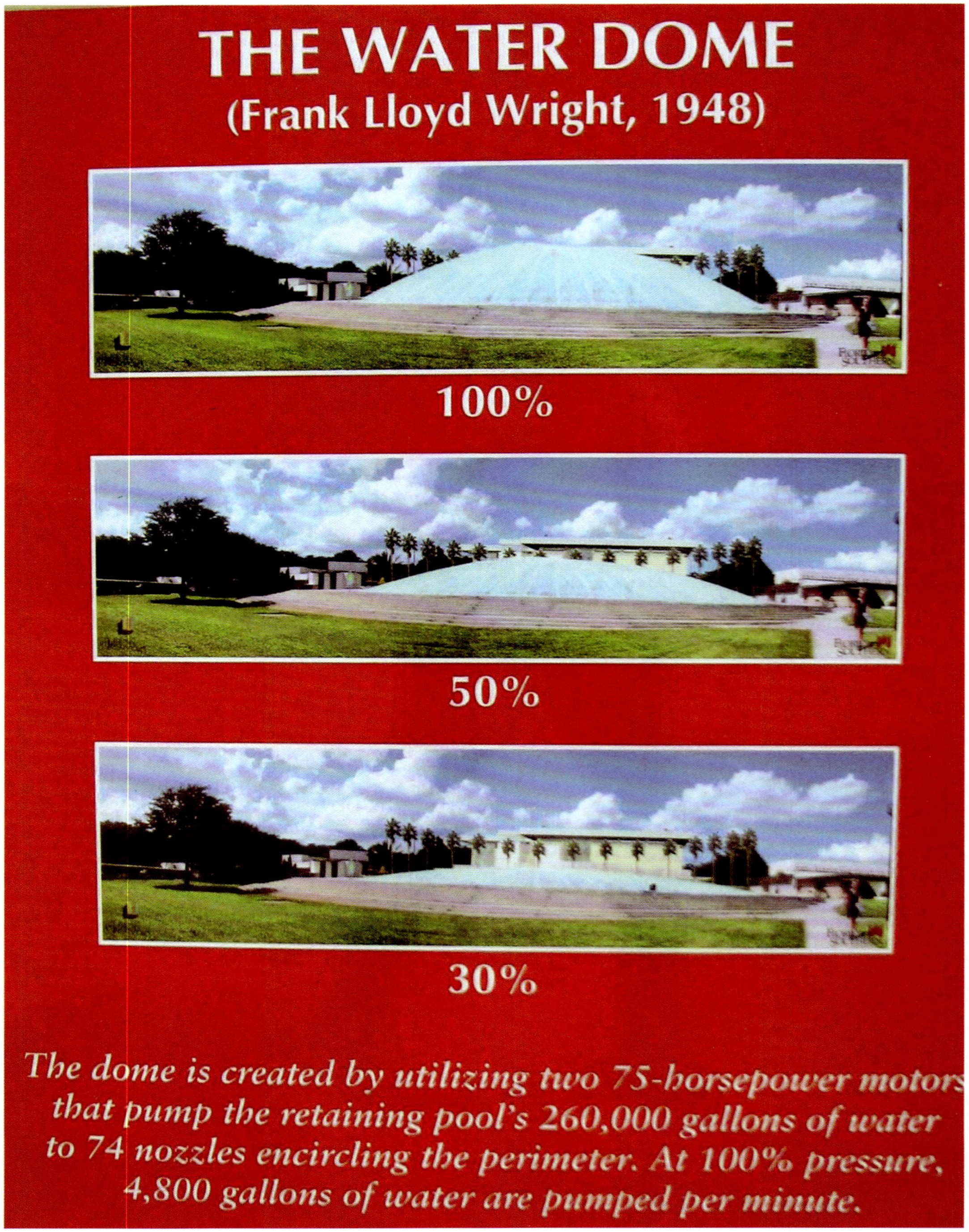

11-109 11-110

11-109　穹顶圆水池

11-110　穹顶圆水池喷水时的情况

12. 一神教会议厅，美国威斯康星州麦迪逊市

Unitarian Meeting House, Madison, Wisconsin, USA

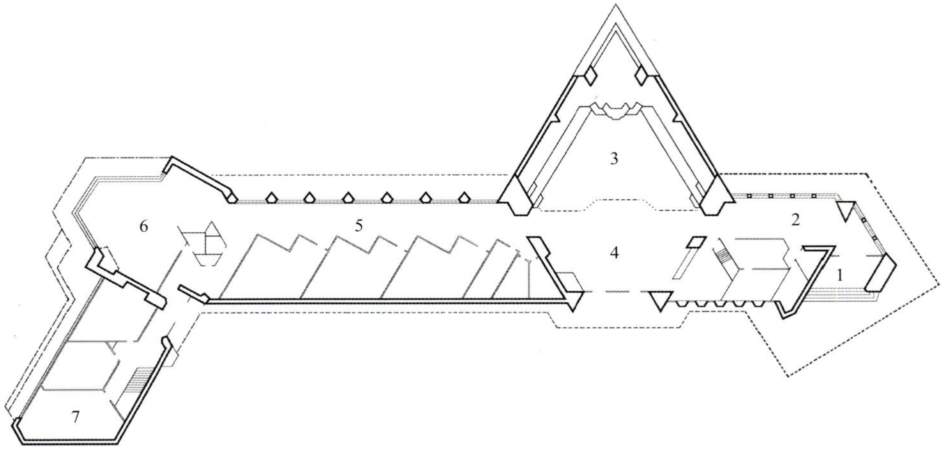

12-1 一神教会议厅平面
1- 入口；2- 门厅；3- 会堂；4- 聚会空间；5- 办公室、图书室；6- 社交活动空间；7- 托儿所

12-2 一神教会议厅入口透视

一神教会议厅(Unitarian Meeting House)位于威斯康星州麦迪逊郊区的肖尔伍德希尔斯(Shorewood Hills)。赖特家族与一神教关系密切，继1905年赖特在芝加哥奥克帕克地区设计统一神庙之后，1947年再次在家乡为一神教设计了会议厅，时年78岁，会议厅建成时赖特已84岁。

一神教相信任何事都要“统一”(Unity)，赖特试图用建筑表达出统一的全部感觉，他认为三角形可以表达统一、团结与希望，因而平面布局和屋顶造型都选用了三角形。[30] 一神教会议厅是一幢多功能的宗教建筑，包括会堂、交往空间、教室、托儿所。建筑平面布局自由，由菱形的网格构成。门厅在会议厅建筑的一端，入口位于低矮、深远的挑檐下，深远的挑檐似乎可以覆盖一切、包容一切。三角形的会堂是会议厅的核心，进入会堂的空间由低到高，讲台在会堂的尽端，向上高高翘起的空间表达崇敬与希望，而会堂的大坡顶则充分显示出统一的气魄。会堂的座位可以移动，会堂不仅用于宗教活动，也可举办音乐会或聚餐。会堂的后侧是公共活动的交往空间，空间低矮、尺度亲切，壁炉的象征作用大于功能，屋顶覆盖下的空间意味着团结、联合，会议厅还为附近居民提供了教室、托儿所和社交活动用房。

一神教会议厅的墙体选用米黄色的地方石材砌筑，石料表面粗糙，既自然又粗犷，墙面凹凸形成的构图与流水别墅异曲同工。屋顶最初由铜皮覆盖，铜皮日久变成深绿色，增加了古朴气氛，有资料说今日已更换成新型铝材。建筑物的供热是由埋在地面下的热水管道提供，这项技术是赖特从日本学来的。

1960年一神教会议厅被美国建筑学会选入对美国文化有影响的赖特的17项作品之一，2004年被定为“国家历史性地标”。

[30] Frank Lloyd Wright. The Future of Architecture [M]. New York: Horizon Press, 1953:23.

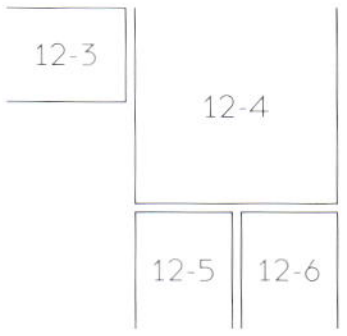

12-3　从后侧望一神教会议厅转角处挑檐

12-4　从一神教会议厅主入口望辅助入口

12-5　一神教会议厅转角处挑檐

12-6　一神教会议厅主入口

12-7　一神教会议厅的会堂

12-8	12-10	
12-9	12-11	
	12-12	12-13

12-8　一神教会议厅后侧的地形变化

12-9　一神教会议厅会堂立面

12-10　一神教会议厅的体形组合

12-11　一神教会议厅辅助入口

12-12　一神教会议厅后侧锯齿状窗间墙

12-13　一神教会议厅后侧透视

12-14　一神教会议厅会堂讲台透视

12-15　一神教会议厅会堂室内

12-16　一神教会议厅会堂讲台

12-14
12-15
12-16

12-17

12-18 12-19

12–17　一神教会议厅会堂讲台后方的采光窗

12–18　一神教会议厅会堂后侧的门厅

12–19　一神教会议厅门厅采光

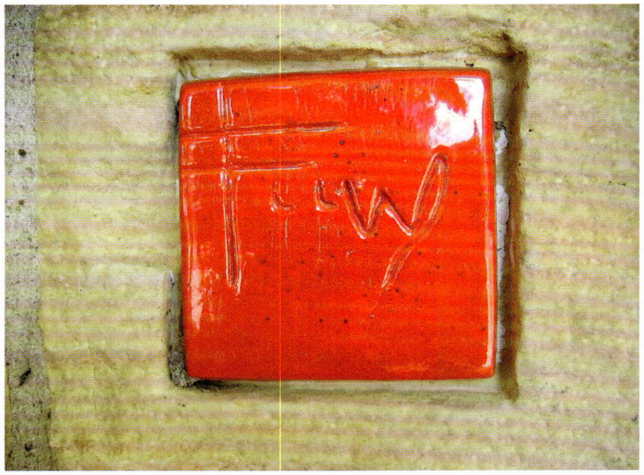

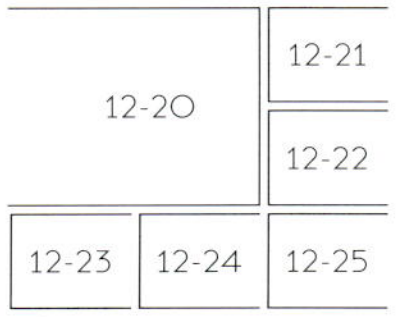

12-20　一神教会议厅模型

12-21　一神教会议厅在施工中

12-22　一神教会议厅的结构模型

12-23　一神教会议厅作为国家历史性地标

12-24　赖特的设计标志

12-25　教徒在施工中义务劳动

13. 第一基督教堂，美国亚利桑那州菲尼克斯市
First Christian Church, Phoenix, Arizona, USA

13-1 | 13-2 | 13-3

13-1　第一基督教堂透视

13-2　从第一基督教堂前望钟塔

13-3　第一基督教堂的钟塔

1949年菲尼克斯的西南基督教神学院(Southwest Christian Seminary in Phoenix)委托赖特设计一所大学，包括教堂、办公室、教室、图书馆、剧院、教工住宅等，占地80英亩，设计完成后学院却停止了运作。菲尼克斯第一基督教堂(First Christian Church)的领导得知此事便与赖特基金会联系，经同意后采用该方案建造了今日的第一基督教堂，1971年开始建造，1973年建成，被美国宗教建筑界誉为美国十个最好的教堂之一。

第一基督教堂建筑平面以三角形和菱形为基本元素，赖特认为三角形是祈祷时最好的空间环境，建筑物由23个钢筋混凝土柱子支撑，柱子由互成120°角的三肢构成，而且由下向上逐步向外出挑，柱子表面还铸有图案，特色鲜明，赖特把柱子比作沙漠中的树，同时也有几片混凝土墙与柱子配合，共同作为建筑物的承重结构。三肢的柱子象征第一基督教堂的教义：圣父、圣子、圣灵的三位一体。[31] 三位一体的教义与赖特家族信仰的一神教派不同，赖特并非只为自己信仰的教派服务，1956年赖特也为东正教设计过教堂(Annunciation Greek Orthodox Church)，这也体现了一神教的宽容态度。

第一基督教堂延续了西塔里埃森的建筑风格，而且进一步有所发挥。混凝土浇筑的毛石墙粗犷有力，报告厅的四坡顶和尖塔成为建筑构图中心，尖塔顶端高77英尺（约24m），室外大台阶通向二层挑台，大台阶和挑台的外侧挡墙也用毛石浇筑，挑台的阴影和挑台外侧挡墙的造型加强了建筑的表现力。第一基督教堂的报告厅有800座，座位舒适，讲台宽敞，教堂室内色彩丰富，气氛亲切。报告厅的屋顶和采光设计创意极具特色，沿着屋脊有很多采光小天窗，外观像是屋脊的装饰，天窗的光线透过彩色玻璃在室内形成一条魔幻般的光带，扑朔迷离。主入口前有一组装饰性的钢筋混凝土构架，阳光照射下，构架投在地上的阴影与构架共同组成动态的抽象图案，加强了建筑造型的表现力。室外通向地下室的楼梯也精心设计，不仅空间丰富，楼梯栏杆的造型也与众不同。教堂室外有一个独立的钟塔，塔高120英尺（约36.6m），钟塔的造型与教堂屋顶的尖塔互相呼应。

[31] Information of First Christian Church. 2008.

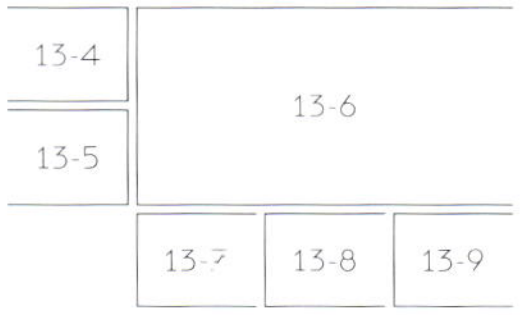

13-4　第一基督教堂通向二层的室外大楼梯

13-5　从第一基督教堂二层挑台下望

13-6　第一基督教堂的室外楼梯与挑台

13-7　第一基督教堂的绿地组合

13-8　第一基督教堂后侧透视

13-9　第一基督教堂室外楼梯的矮墙造型

13-10　第一基督教堂的钟塔与廊架

13-11　从第一基督教堂挑台下望钟塔

13-12　从侧面望第一基督教堂主入口前的廊架

13-13　第一基督教堂主入口前的廊架及其在地面上投射的光影

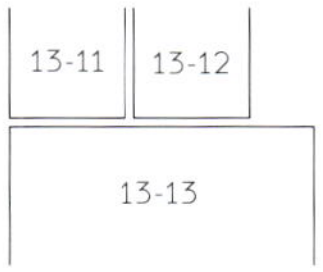

13-14　第一基督教堂挑台下的支柱

13-15　从第一基督教堂挑台下望通向地下的楼梯

13-16　第一基督教堂挑台下的入口

13-17　第一基督教堂通向地下的楼梯入口

13-14

13-15　13-16　13-17

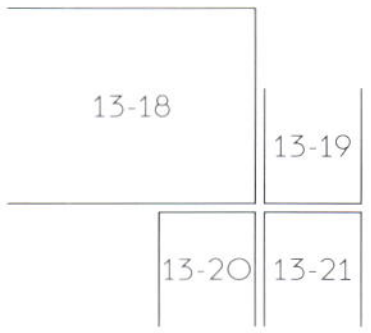

13-18　第一基督教堂的楼梯栏杆

13-19　第一基督教堂通向地下的楼梯空间

13-20　第一基督教堂楼梯栏杆的虚实对比

13-21　第一基督教堂通向地下的楼梯

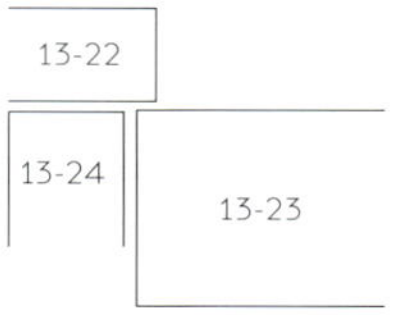

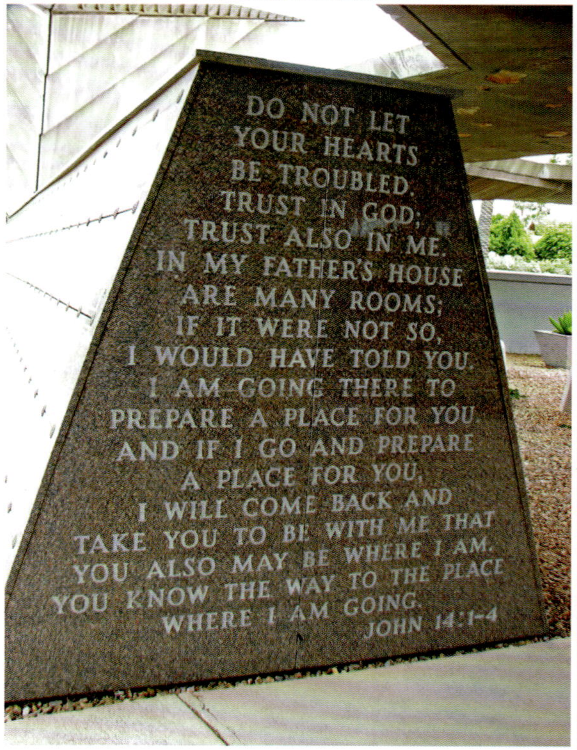

13-22　第一基督教堂门厅

13-23　第一基督教堂门厅通向报告厅

13-24　第一基督教堂门前的告示

13-25　第一基督教堂报告厅侧面的挑廊

13-26　第一基督教堂报告厅后侧的控制台

13-27　第一基督教堂的报告厅

13-28　第一基督教堂报告厅的讲台

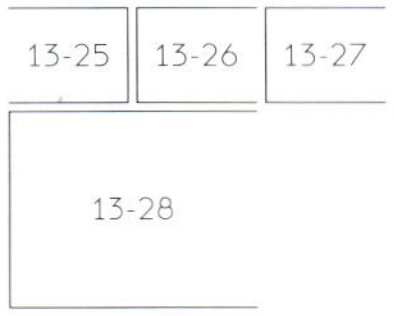

13-29 第一基督教堂地下室的活动室

13-30 第一基督教堂的标志

13-31 第一基督教堂顶部采光

13-32 第一基督教堂顶部采光的艺术处理

13-29 13-30 13-31
13-32

14. 古根海姆博物馆，美国纽约州纽约市
Guggenheim Museum, New York, New York, USA

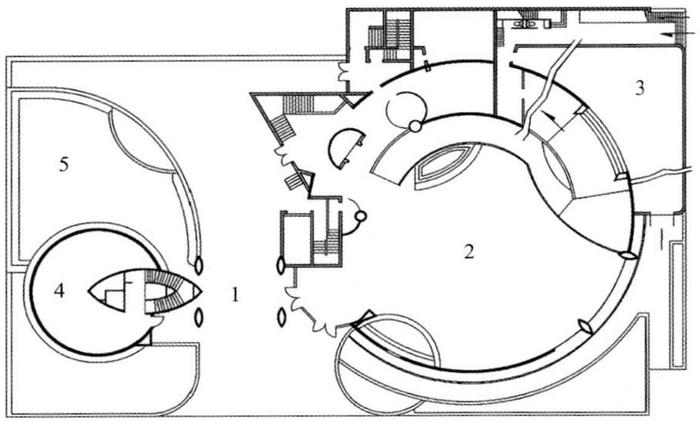

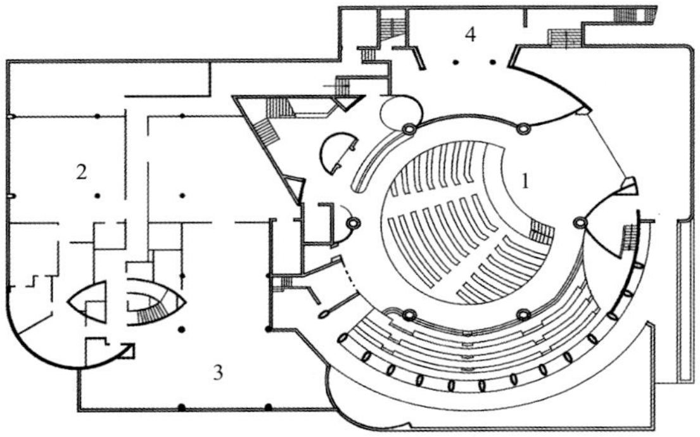

14-1
14-2

14–1　扩建前的古根海姆博物馆首层平面
1– 入口门廊；2– 主展厅；3– 小展厅；4– 办公室；5– 雕塑花园

14–2　扩建前的古根海姆博物馆地下室平面
1– 报告厅；2– 工作室、辅助用房；3– 商店；4– 机房

1943年赖特受古根海姆博物馆馆长委托设计一个博物馆，收藏美国工业巨子所罗门·古根海姆(Solomon R. Guggenheim)个人保存的前卫派艺术作品，博物馆的选址经过一番周折，最终选定在纽约第五大街，面向中央公园。1945年设计完成后又几经周折，多次修改，直到1956年才开始施工，1959年竣工，竣工时赖特已逝世6个月。

赖特强调建筑的可塑性与空间的连续性，古根海姆博物馆螺旋形的连续展出空间完整地表达了上述思想。圆形是博物馆构图的母题，博物馆的体形由一个倒置的大圆锥体和一个小圆柱体组合而成，厚重的水平挑檐将二者拉在一起，倒锥体是展厅，小圆柱体是办公、辅助用房，水平挑檐内是连廊。展厅由螺旋形的缓坡道构成，相当于7层的环形展厅，展厅中间是高大的中庭，顶部采光。展厅结构形式新颖，螺旋形坡道由内侧的一圈柱子向外悬挑支撑，向上逐步向外扩大悬挑，形成倒锥形的螺旋体。螺旋体外侧的缝隙是展厅的采光高窗，光线经折射后照在展品上，展厅以自然采光为主，人工采光为辅。1956年夏季，赖特在博物馆工地视察时自豪地说：“这是我的万神庙(Pantheon)。”当时恰好他由罗马旅行归来，在罗马看到了万神庙，赖特很欣赏万神庙的体形与构思。㉜

博物馆建成后有褒有贬，赞扬者肯定创新精神，批评的意见集中在两方面：一是建筑造型与环境不和谐；二是功能方面的缺点，螺旋展厅的地面和墙面都是倾斜的，既影响展出效果也不利于展品布置，此外，连续的参观路线使观众不能自由选择。

随着博物馆收藏品的增加，馆方日益感到建筑面积的不足，1981年委托格瓦思米·西格尔(Gwathmey Siegel)建筑事务所负责扩建设计，1992年扩建完成。扩建后的博物馆面积增加了一倍，博物馆扩建后，又将仓库、图书资料等项内容迁出，博物馆90%的建筑面积用于展览。

古根海姆博物馆的扩建部分是一幢板状体形的新馆，贴建在原有博物馆的后侧，新馆地上8层，地下1层。扩建的新馆地上1~5层为展厅，6~8层用于办公，地下1层是工程机房。扩建部分的展厅与原有的展馆形成环路，使展馆的功能布局更加灵活，原有展馆的坡道尽端是死胡同，现在可以通往新馆的展厅，小圆柱体的功能也由办公用房改为展厅，空间利用更加合理。扩建后的参观路线有较多的选择性，可以沿着坡道参观或中途转向新馆。原有的螺旋体展厅在扩建后的博物馆中作为临时展厅，展出非本馆保存的临时展品，而且经常更换。1998年7月我们参观时看到的是摩托车展，2006年7月再去参观时看到的是扎哈·哈迪德（Zaha Hadid）的建筑作品展。

古根海姆博物馆扩建部分的造型尊重赖特原有的设计意图，赖特曾经设计过后侧有长方形体块的方案，当时的长方形体块仅4层，作为书库和可以出租的工作室套房(studio apartments)，后因资金不足被削减，现在的扩建方案可以认为是在赖特原有构思基础上的发

㉜ 古罗马的万神庙(Pantheon，120–124年)平面为圆形，直径43.3m，建筑顶端高度也是43.3m。万神庙屋顶为穹顶，中央有一个直径为8.9m的采光圆孔。

展。[33] 扩建工程建成后也有各种议论，有人说它破坏了纽约的标志性建筑，也有人挖苦说它像个抽水马桶。总的看来，博物馆扩建是成功的，它弥补了原有设计在功能方面的缺陷，在建筑艺术方面由于增加了板状体块使博物馆与两侧的建筑取得和谐。

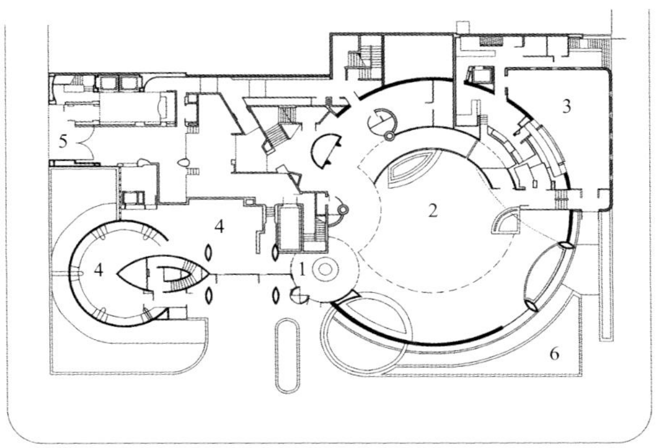

首层平面

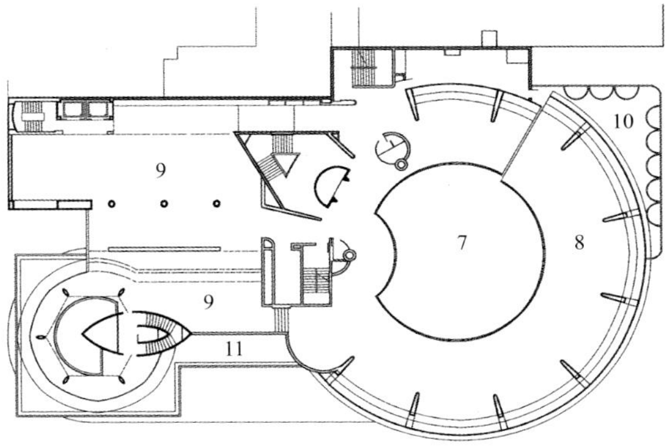

四层平面

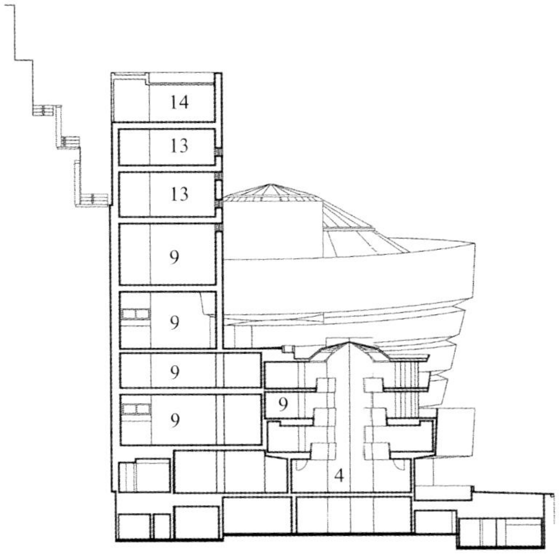

剖面

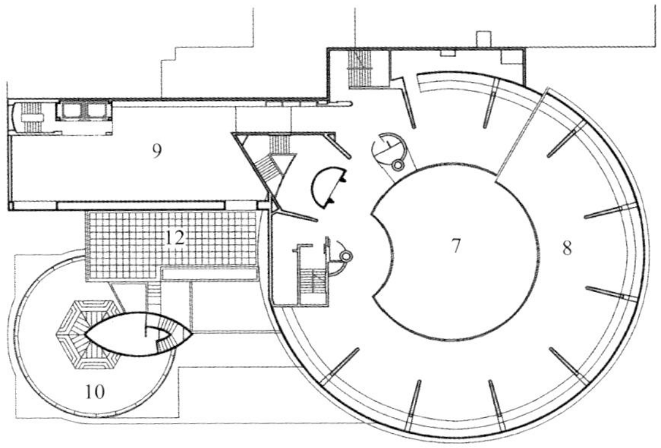

五层平面

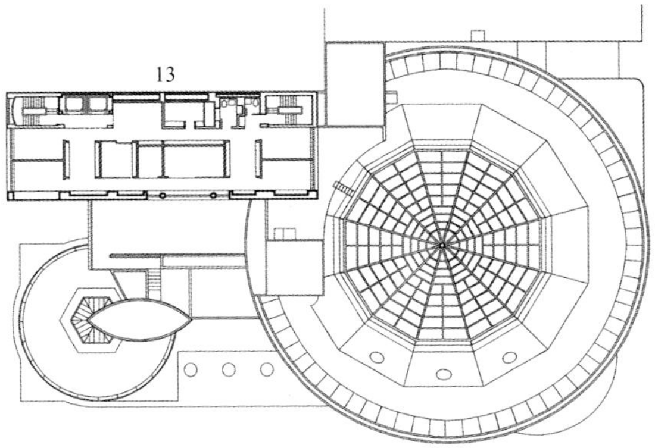

九层平面

14-3 古根海姆博物馆各层平面图与剖面图

1- 观众入口；2- 中庭；3- 餐厅；4- 书店；5- 工作人员入口；6- 下沉窗井；7- 中庭上空；8- 临时展品展厅；9- 永久展品展厅；10- 屋顶；11- 平台；12- 雕塑花园；13- 办公室；14- 机房

㉝ Gwathmey Siegle.Brad Collins and Diane Kasprowicz (editors) Buildings and Projects 1982−1992 [M]. New York: RIZZOLI, 1993:18.

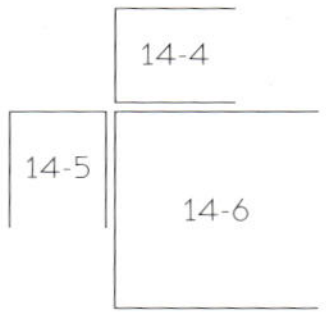

14-4 扩建前的古根海姆博物馆沿街透视

14-5 古根海姆博物馆新馆衬托老馆

14-6 扩建后的古根海姆博物馆沿街透视

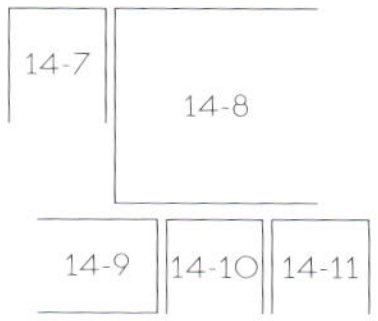

14-7　古根海姆博物馆新老建筑衔接处理

14-8　古根海姆博物馆新老建筑衔接细部

14-9　扩建后的古根海姆博物馆老馆

14-10　古根海姆博物馆入口

14-11　古根海姆博物馆扩建前的下沉式天井

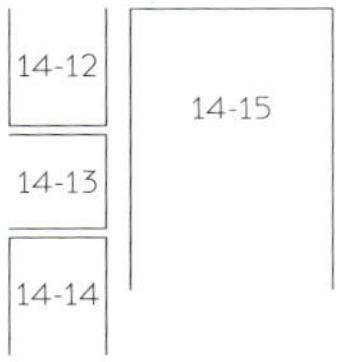

14-12　古根海姆博物馆扩建后的下沉式天井

14-13　从后侧进入古根海姆博物馆餐厅

14-14　从古根海姆博物馆下沉式天井仰望

14-15　古根海姆博物馆老馆中庭

14-16　仰望古根海姆博物馆老馆采光天窗

14-17　扩建前古根海姆博物馆的螺旋形展室

14-18　扩建前古根海姆博物馆的小展室

14-19　扩建前古根海姆博物馆中庭顶层

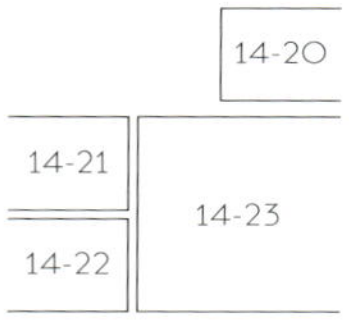

14-20　扩建前古根海姆博物馆螺旋展室的侧面高窗采光

14-21　扩建后古根海姆博物馆的一次摩托车展

14-22　古根海姆博物馆摩托车展的首层

14-23　扩建前古根海姆博物馆中庭底部

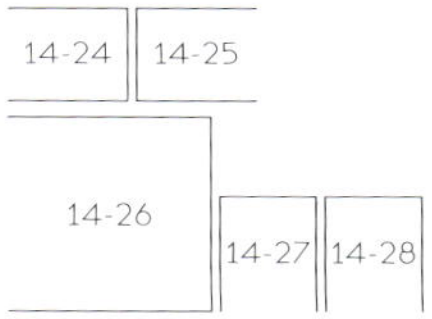

14-24　俯视古根海姆博物馆的摩托车展

14-25　古根海姆博物书店

14-26　从古根海姆博物馆书店仰望小中庭

14-27　古根海姆博物馆新馆展厅

14-28　仰望古根海姆博物馆小中庭的采光天窗

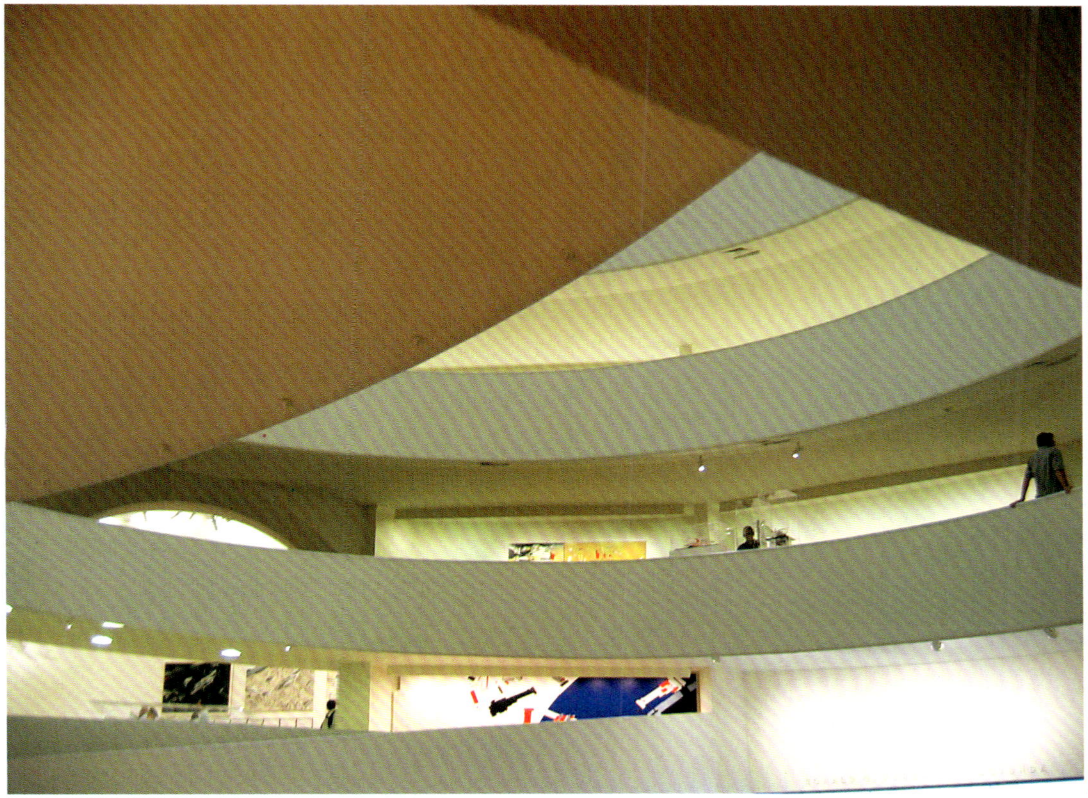

14-29　古根海姆博物馆书店悬挑梁端部的艺术处理

14-30　古根海姆博物馆书店屋顶艺术处理

14-31　古根海姆博物馆餐厅

14-32　古根海姆博物馆圆门厅地面中心的说明

14-33　古根海姆博物馆入口圆门厅地面

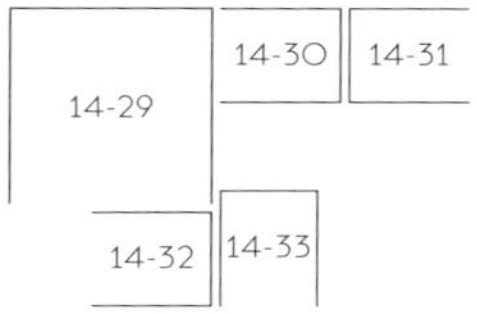

15. 马林县行政中心，美国加利福尼亚州马林县

Marin County Civic Center, Marin County, California, USA

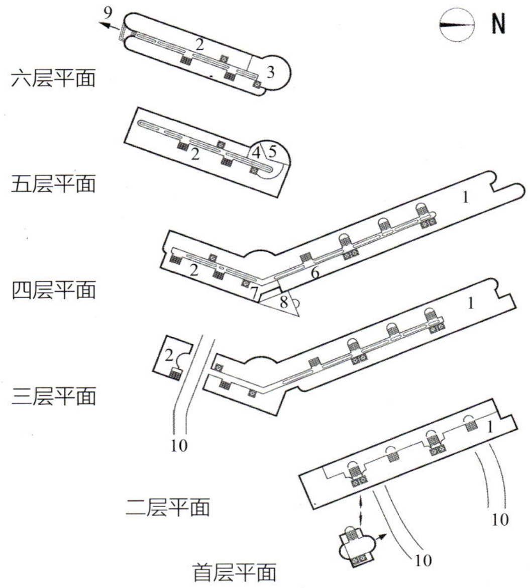

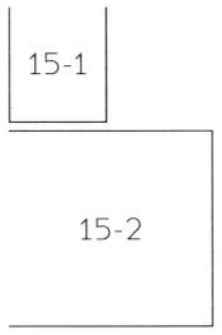

15-1 马林行政中心平面示意图

1– 法院办公室；2– 政府办公室；3– 图书馆；4– 展廊；5– 餐厅；6– 会议室；7– 礼品商店；8– 内院；9– 山顶花园；10– 城市道路

15-2 俯视马林行政中心的法院大楼

马林县行政中心位于旧金山北面马林县的圣拉斐尔(San Rafael)，占地140英亩（约56.7hm²），包括行政办公室、法院、报告厅、会议与展览大厅、邮政局、餐饮设施、图书馆等，是一组综合性的大型公共建筑。行政中心的造型由两个高低不同互成120° 交角的体块组成，体块的交接处是圆形的穹顶，穹顶旁衬托一个尖塔，构图完美。较高的体块是行政办公楼，长584英尺（约178m），较低的体块是法院，长880英尺（约268m），虽然两个体块都是4层的建筑，但由于地形的变化，形成体块的高低错落。行政中心连接3个山丘，法院跨越了城市干道，像是一座大桥。

行政中心为东西朝向，赖特特意设计了外廊，不仅解决了东西向的日晒问题也丰富了立面的艺术处理。法院首层包括跨越城市干道的拱形通道；二至四层的立面是开间不同的外廊，由于外廊的拱形跨度自下而上逐渐缩小，使建筑物在视觉上更加雄伟；法院第四层的立面是具有圆形孔洞的外廊，与顶部挑檐的圆形孔洞互相呼应，透过檐口圆形孔洞的光影投射到圆形拱廊内的墙面上，形成丰富、动感的光影变化，拱形和圆形的重复运用，增加了统一、团结与和谐的艺术效果。建筑立面的颜色采用山体的沙石颜色，使建筑物看起来犹如从土地中生长出来的，屋顶采用蓝色，与蓝天融为一体，马林县行政中心充分展现了赖特的有机建筑理论。

圆形穹顶部分是马林县行政中心建筑艺术处理的重点，圆形穹顶与屋顶花园结合，屋顶花园的水池、花坛、地面绿化，甚至餐桌和遮阳伞均以圆形为母题，外廊檐部处理和屋面的花饰也都是球形、圆形或半圆形，建筑构图运

15-3	15-4
15-5	15-6

15-3 马林行政中心跨越城市干道的法院大楼

15-4 从马林行政中心办公楼一侧透视穹顶旁的尖塔

15-5 马林行政中心办公楼

15-6 马林行政中心办公楼底部

用统一的母题不仅增加了建筑艺术的韵律也形成了和谐的视觉效果。穹顶的色彩极为醒目，赖特大胆选用蓝色的屋面和金黄色的檐部，在草绿、土黄和暗红色背景的衬托下，既高贵又典雅。建筑立面的连续拱廊是加利福尼亚州传统的建筑风格，这种风格是受西班牙建筑的影响。赖特没有接受沙利文"形式始终随从功能"的理论，行政中心的立面处理与内部功能无关，甚至功能很有特点的法院在立面上也没有显示出来，赖特把法院的各部分集中到一幢大楼内又跨越了城市干道，也是一大创举。赖特在设计中强调民主、开放，他重视表达市民参与而不是政府的权力，设计中公共性很强的圆形穹顶放在中央是为了争取市民参与，立面上的连续拱廊表达统一与和谐。

马林县行政中心是赖特一生中最后一项重要的代表作，去世前还不断地修改设计，赖特对行政中心充满信心，他表示："好的建筑物不仅不会破坏景观，还要使景观比以前更好，马林县具有我曾看到过的最好的景观，我很自豪能建造马林县最美丽、最有特色的建筑。"中心的行政办公楼和法院大楼在赖特去世后分别于1962年和1969年建成。[34]

---

[34] Information of Marin County Civic Center. 2008.

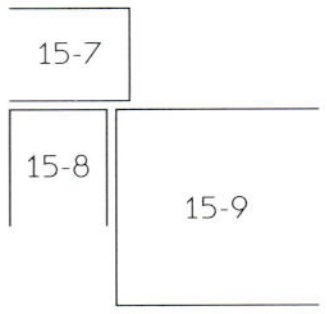

15-7　马林行政中心办公楼顶部

15-8　马林行政中心顶层外廊的柱子

15-9　马林行政中心顶层的圆窗与挑檐

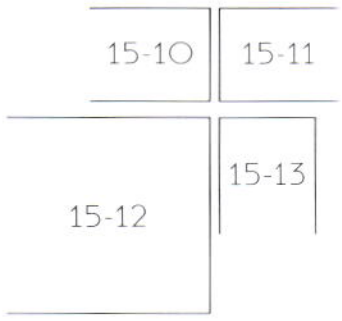

15−10　俯视马林行政中心办公楼屋顶

15−11　马林行政中心顶层外廊细部处理

15−12　仰视马林行政中心顶层外廊

15−13　马林行政中心顶层外廊内侧

15–14　马林行政中心办公楼顶层出口

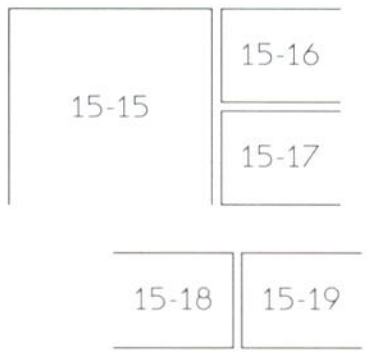

15–15　马林行政中心办公楼檐口细部

15–16　马林行政中心办公楼顶层出口前的绿地

15–17　马林行政中心办公楼檐口的色彩与体形组合

15–18　仰视马林行政中心办公楼檐口

15–19　马林行政中心办公楼檐口的空间组合

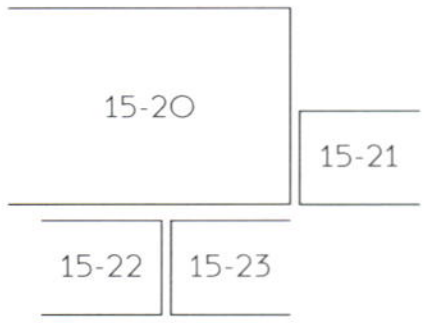

15-20 马林行政中心穹顶前的休息区

15-21 从马林行政中心廊下望穹顶前的休息区

15-22 马林行政中心穹顶前绿地与花池的圆形构图

15-23 马林行政中心穹顶前的圆水池

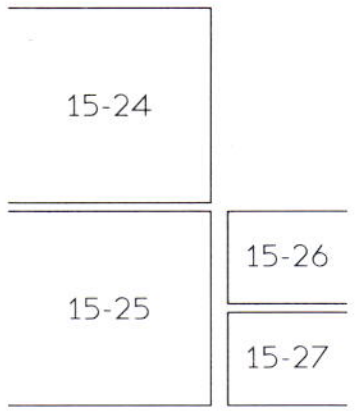

15-24　马林行政中心穹顶前的水景

15-25　马林行政中心穹顶前的绿地

15-26　马林行政中心穹顶前绿地中的雕塑

15-27　马林行政中心法院大楼的入口

15-28　从马林行政中心法院入口向外望

15-29　从马林行政中心法院的拱形过街楼下仰望

15-30　马林行政中心法院大楼的自动扶梯

15-31 15-32

15-31　马林行政中心法院大楼的中庭

15-32　马林行政中心法院大楼中庭两侧的办公室

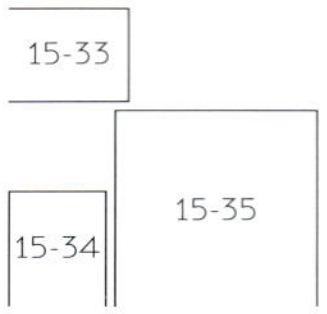

15-33　马林行政中心法院大楼的绿化照明

15-34　马林行政中心入口处的标志

15-35　马林行政中心的餐厅

16. 赖特的设计思想与有机建筑

Design Concept and Organic Architecture of Frank Lloyd Wright

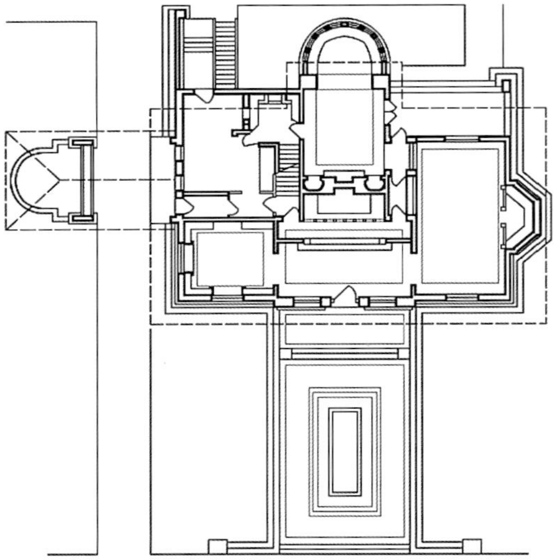

16-1

16-2

16-1　温斯洛住宅首层平面

16-2　温斯洛住宅模型

赖特在阿德勒和沙利文事务所工作时设计的建筑无明显特色，建筑风格与当时美国建筑界的潮流基本一致，1889年赖特在芝加哥奥克帕克最初建造的私人住宅被认为是模仿理查森和沙利文建筑风格的作品，1894年和1895年住宅两次扩建后就完全不同了，丰富的造型，不同材料的对比，功能与形式巧妙结合，赖特逐步进入自由创作的境界。

1893年赖特设计的温斯洛住宅是他从模仿过渡到创新的代表作。威廉·温斯洛(William H. Winslow)与赖特都很敬重当地基督教一神论教派的牧师威廉·甘尼特(William C. Gannett)，甘尼特认为住宅应当简洁和谦虚，家庭的团结、和谐是最重要的。温斯洛住宅以甘尼特的论点作为设计的指导思想，虽然赖特在自己的住宅设计中也曾运用过甘尼特的思想，但温斯洛住宅更加集中地体现了甘尼特的观点。1896年温斯洛与赖特还共同出版了甘尼特的著作《住宅美》(The House Beautiful)，该书的最后一章题为“珍贵的团结一致”(The Dear Togetherness)，赖特还为该书插图，表达家庭聚集的思想。[35] 温斯洛住宅位于伊利诺伊州库克县(Cook County)的里弗福里斯特(River Forest)，住宅平面布局有明显的中轴线但并不严格对称，壁炉是住宅布局的核心，壁炉前面是主入口和接待厅，壁炉的后面是餐厅，书房和起居室分别布置在壁炉左、右两侧。赖特在温斯洛住宅设计中首次采用四坡顶，屋顶坡度平缓，屋檐出挑很远，二层向内收缩，色彩也与首层不同，从而更加突出了大屋顶的效果，壁炉的烟囱在屋脊的中部而且增加一个基座，烟囱的基座不高但很长。住宅沿街立面主体部分对称，体形简洁，左侧首层增加穿廊，右侧首层局部向外突出，住宅背立面体形丰富，在主轴线的两侧寻求微妙的变化，既对称又不对称。温斯洛住宅风格典雅，被认为是“彻底的绅士住宅”，赖特设计这幢住宅时年仅26岁。

1894年赖特在奥克帕克地区设计的穆尔住宅(Nathan G. Moore House)是按照住宅主人的要求设计的，穆尔不喜欢温斯洛住宅的风格，因此住宅建筑风格设计为近似哥特式英国民居，屋顶是坡度非常陡的双坡顶，内设阁楼，坡顶上有老虎窗，山墙是半露的木构架(Tudor Half-timber)，建筑装饰近乎繁琐。穆尔住宅的建筑风格与赖特以后的作品完全不同，只有围墙上金黄色的圆球在他晚年设计的马林县行政中心再现过。穆尔住宅于1895年建成，1922年住宅失火，1923年重新建造并进行了修改，赖特还特意在住宅门前立了一个铜铸的标牌，展示修改前后的造型变化。

---

[35] Robert C. Twombly. Frank Lloyd Wright: His Life and His Architecture [M]. New York: A Wiley-Interscience Publication, John Wiley & Sons, Inc., 1979:43.

16-3
16-4

16-3 温斯洛住宅沿街透视

16-4 温斯洛住宅对称的主入口

16-5 16-6

16-5　穆尔住宅透视

16-6　穆尔住宅烟囱端部的装饰

16-7　穆尔住宅入口

16-9
16-8 16-10

16-8　穆尔住宅的老虎窗

16-9　穆尔住宅的围墙

16-10　赖特在穆尔住宅入口处设立的说明（上面的模型是 1895 年设计的原貌，下面的模型是 1923 年重建后至今的现状）

草原住宅与第一次创作高峰

通过不断摸索，赖特逐渐总结出一套适合美国中产阶级需要、适应中西部草原环境的住宅，这就是享誉国际建筑界的“草原住宅”，赖特把草原住宅视为有机建筑的雏形。草原住宅是赖特建筑生涯的第一次创作高峰，至1909年，仅在芝加哥的奥克帕克地区赖特就建造了风格各异的29幢住宅，其中不少是草原风格的住宅。今日的奥克帕克已成为赖特的住宅作品展览馆，参观者络绎不绝，形成一道独特的风景线。赫特立住宅(Arthur Heurtley House)是赖特1902年设计的有代表性的草原住宅，位于奥克帕克的福里斯特大街。建筑平面为简单的矩形，建筑外观利用砖墙的凹凸砌筑出强烈的水平线条，创造一种坚固稳定的艺术效果。入口的拱门令人联想到理查森在1887年设计的格莱斯诺住宅的北入口，入口前有一段V字形矮墙作为屏障，进入室内须由矮墙的两侧迂回进入，V字形矮墙不仅增加了入口的隐蔽性也丰富了立面的细部处理。1904年赖特设计的切尼住宅也在奥克帕克地区，是一幢平面近似对称的单层草原住宅，尺度亲切宜人，这幢住宅引人注目的另一个原因是由于赖特与住宅女主人的婚外恋。托马斯住宅(F. W.

16-11　赫特立住宅沿街透视

Thomas House)是赖特1901年在奥克帕克地区设计的另一种风格的草原住宅，平面近似赖特在《妇女家庭》杂志上发表的草原住宅典型方案，底层为公共活动空间，二层有四间卧室，入口为理查森式的拱门，入口前两侧增加一段矮墙，加强了入口的导向性，砖墙被粉刷成白色，立面的开窗根据内部功能的需要，不同规格的窗孔在大挑檐强烈的阴影内得到统一。罗伯特住宅(Isabel Robert House)是赖特1908年设计的，平面呈十字形，起居室有两层高，壁炉在中心，屋顶坡度较大而且坡度还有变化。

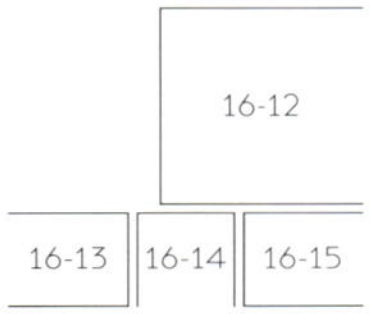

16-12　赫特立住宅入口透视

16-13　赫特立住宅入口前的矮墙

16-14　赫特立住宅侧立面

16-15　赫特立住宅通向花园的出口

草原住宅的设计思想受一神教的影响很大，一神教认为：家庭应当是统一、和谐的集体，家庭内部需要平等、相互尊重和忠诚，个人愿望不能压倒家庭的团结。草原住宅以壁炉为中心，起居室是全家聚会的场所，灵活、流动的空间适合家庭集体活动。草原住宅的建筑造型与中西部自然环境和谐，赖特认为：草原住宅的造型特点是低矮的平台、深远的挑檐、平缓的屋顶，这种造型与美国中西部辽阔的草原地平线保持一致。[36] 屋顶和挑檐的作用非常重要，它是住宅的基本标志，象征一种庇护(shelter)，大挑檐不仅可以遮阳也具有保护隐私和稳定安全的视觉效果，挑檐下采用浅色材料装修，有利于光线的反射。草原住宅室内公共活动部分是开敞的流动空间，开敞的空间既有利于家庭聚会也有利于适应不断变化的现代生活。室内空间较低，尺度亲切宜人，顶棚的装饰向下延伸到外窗的上皮，视觉上降低了空间高度，同时把人们的视线引向室外。草原住宅建筑外观变化很多，但室内的建筑风格大体一致，室内装修精细，具有几何图案的镶嵌彩色玻璃和精雕细刻的木制家具成为室内装修的特点，最具代表性的草原住宅当属建在芝加哥市区南部的罗比住宅。

草原住宅是现代化城市中的“庄园”，它适应资本主义社会新兴中产阶级的需要，19世纪后期，在快速工业化的城市中，人们想摆脱社会压力，追求田园生活，草原住宅满足了人们的愿望。从1901年赖特提出“草原住宅”这个名词后，草原住宅的建筑风格不断发展，20世纪初期，美国中西部有一批建筑师效仿赖特的草原住宅风格，形成“草原学派”，芝加哥有18位建筑师被合称为“芝加哥十八”(Chicago Eighteen)，但是他们并非都与赖特有过联系。

[36] Robert C. Twombly. Frank Lloyd Wright: His Life and His Architecture [M]. New York:A Wiley-Interscience Publication,John Wiley & Sons,Inc.，1979:52.

16-16 切尼住宅透视之一

16-17 切尼住宅透视之二

16-18　托马斯住宅沿街立面

16-19　托马斯住宅左侧透视

16-20　托马斯住宅右侧透视

16-21　托马斯住宅入口

16-22　罗伯特住宅入口透视

16-23　罗伯特住宅入口立面

16-24　罗伯特住宅透视

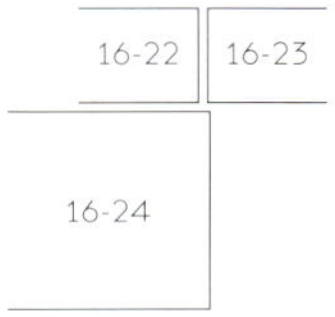

日本情节与外来文化的影响

在设计草原住宅的同时，赖特完成了3幢公共建筑设计，拉金办公大厦(Larkin Administration Building)、统一神庙和米德韦花园(Midway Garden)游乐场，3幢建筑各具特色。拉金大厦是5层的办公楼，大楼的中间是一个5层高的共享空间，顶部采光，共享空间的构思是赖特家庭聚会思想的延续。米德韦花园游乐场的规模很大，几乎占据了芝加哥的一条街，建筑设计成功地组合不同标高的平台，围合出开敞的室外空间。米德韦花园建筑构图丰富，运用抽象的几何图案进行装饰。遗憾的是拉金大厦与米德韦花园都已被拆除，统一神庙是这段时间唯一保留下来的公共建筑作品。1905年设计的统一神庙是赖特20世纪初期设计思想的新起点，他首次在设计中采用钢筋混凝土结构，神庙的平面布局接近日本传统庙宇的制式。

日本的文化艺术对赖特的建筑创作有很大的影响，1893年赖特在芝加哥的世界博览会(World Columbia Exposition)中看到日本的茶室建筑和艺术品，留下深刻印象，促使他在1905年首次出国访问日本。1916年赖特应邀设计东京帝国饭店，饭店占地1.45hm²，建筑面积约2.9万m²，地上3层，局部4~6层，客房230间，设有宴会厅、商店及1000座的剧院，是20世纪初期东京的重要工程。帝国饭店的建筑布局采用对称的形式，有明显的中轴线和空间序列，沿中轴线布置公共用房，东西两侧是客房。建筑造型平缓、稳重，屋顶采用平、坡结合，设计既有日本传统建筑风韵又保持了赖特本人的建筑风格。赖特选用东京附近枥木县生产的一种火山熔岩作为主要装饰材料，这种熔岩宜于加工成各种凹凸纹样，质感丰富，造价低廉，一种很普通的地方石材经过赖特的艺术加工竟成为高级装修材料，令人钦佩。1923年8月饭店建成，9月1日举行落成典礼，恰逢日本史无前例的关东大地震，东京顿时成为一片废墟，帝国饭店虽然也有少量破坏却巍然屹立，一时传为佳话。[37] 东京帝国饭店的场区曾是

[37] Robert C. Twombly. Frank Lloyd Wright: His Life and His Architecture [M]. New York:A Wiley–Interscience Publication, John Wiley & Sons,Inc.,1979:180.

16-25 帝国饭店入口立面

16-26 帝国饭店局部透视

16-27 本书作者在帝国饭店室内

16-28 帝国饭店入口透视

16-26

16-27

16-25 16-28

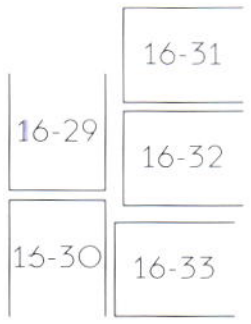

16-29　帝国饭店檐部与栏杆细部处理

16-30　帝国饭店檐下的细部变化

16-31　帝国饭店熔岩装修中的色彩变化

16-32　帝国饭店透空的熔岩石刻装修

16-33　现场保存的帝国饭店原有建筑构件

古老的沼泽地，表土层以下是很厚的淤泥层，饭店选用浮筏式基础，通过短桩将建筑物的重量传递到淤泥层，建筑物犹如浮在水中的战舰，淤泥成为释放地震力的缓冲层，达到以柔克刚的效果。浮筏式基础在芝加哥地区已是成熟的经验，没想到在东京地震中发挥了巨大作用，饭店在地震中没有倒塌是因为赖特与结构工程师选择了合理的结构形式，东京帝国饭店的成功使赖特的事业走向新阶段。1967年东京帝国饭店拆迁，在原址上新建更大的饭店，赖特的作品被作为文物予以保护，帝国饭店的部分主体被转移到爱知县犬山的明治村博物馆，按原貌重建，我们今天只能看到饭店主体的局部，而且四周环境与原状也大不相同。

在东京帝国饭店建造过程中，赖特有更多的机会接触日本文化，同时购买了大量的浮士绘——一种描写市井生活的日本版画。赖特在自传中承认：自从我发现了日本版画，地球上最浪漫、高雅，具有自然灵感的国家引起了我的兴趣。[38] 赖特在他1912年的著作《日本版画》(The Japanese Print)中谈到：我们可以看到这种艺术自身存在的美，它以有机的方式表达普通生活。[39] 人们有理由分析，草原住宅深远的挑檐、隐蔽的主入口是受日本建筑的影响，流水别墅在某种程度上也有日本版画的启示，日本版画中常有小亭建在瀑布旁，甚至赖特绘制的建筑表现图也明显地受到日本版画的

[38] Kevin Nute. Frank Lloyd Wright and Japan: The role of traditional Japanese art and architecture in the work of Frank Lloyd Wright [M]. London: Chapman & Hall, 1993:100.

[39] Robert C. Twombly. Frank Lloyd Wright: His Life and His Architecture [M].New York: A Wiley-Interscience Publication, John Wiley & Sons, Inc.,1979:148-149.

16-34　莫里斯商店透视

16-35　莫里斯商店入口立面

16-34 16-35

影响。赖特还从日本版画中得到抽象构图的启示，他认为几何学是建筑构成的法则，确定的几何形式都具有其魅力或象征性，例如圆形表示无限，锥体表示希望，三角形代表结构的统一，螺旋形代表有机的过程，方形象征结合。赖特认为西方艺术基于模仿和写实，注意表面效果，不去追求精确解释事物；而日本画家能够从几何形体中捕获构思，日本人完善了严格简化的技巧，删除没有意义的部分，强化真实。[40] 赖特很欣赏中国古代哲学家老子的哲学，赖特把老子的名言“凿户牖以为室，当其无，有室之用，故有之以为利，无之以为用”视为处理空间关系的原则，甚至把这个“老子语录”挂在西塔里埃森音乐厅的门厅内。赖特非常欣赏西藏的布达拉宫，他认为布达拉宫是真正的有机建筑，在东塔里埃森的工作室内始终悬挂着布达拉宫的照片，遗憾的是赖特生活的时代中国的战乱不断，他没有机会亲自来中国考察。

赖特欣赏中南美洲的玛雅建筑、阿兹台克建筑(Aztec)和印加建筑(Inca)，赖特在谈及上述建筑与有机建筑的关系时说：那些美洲的抽象作品是大地建筑(earth-architecture)，巨大体量的砖石建筑从石砌的平台上升起，像是一座山，融入绵延山脉中的一个高地，这些石料建造的墙面抹着泥土。这就是人类的创造，它是宇宙的，像太阳，像月亮和星星。[41] 赖特认为玛雅建筑与自然界融为一体，是有机建筑的典范，蜀葵山庄继承玛雅建筑风格，成为另一种类型的有机建筑。[42]

赖特儿时受到过德国幼儿园教育性几何积木玩具的训练，使他容易在建筑设计中接受抽象的几何形体，而在设计中运用抽象的几何形体是现代建筑的重要特征。赖特的作品从矩形体块的组合发展到三角形、菱形、圆形和螺旋形，他对几何形体的认知不断变化，晚年偏爱圆形，他断言“自然界没有方形，仅有圆形”，因而一度热衷于设计圆形建筑，没棱没角。[43] 赖特设计的纽约古根海姆博物馆是倒置的螺旋形，他认为古根海姆博物馆是形式与功能的完美结合，说明功能与形式是统一的。螺旋形的空间也曾在旧金山的莫里斯纪念品商店(Morris Gift Shop)室内设

[40] Robert C. Twombly. Frank Lloyd Wright: His Life and His Architecture [M]. New York; Chichester; Brisbane; Toronto: A Wiley-Interscience Publication, 1979:148-149.

[41] Kathryn Smith. Hollyhock House and Olive Hill [M]. New York: Rizzoli International Publication, 1992:43.

[42] 玛雅、阿兹台克和印加被认为是美洲古代三大文明。玛雅地区在今日的墨西哥东南部、危地马拉和伯利兹一带，玛雅文化从公元前1000年开始，公元7-8世纪是玛雅文化的黄金时代，玛雅的建筑、雕刻、绘画、陶器都达到很高的艺术水平，建筑遗迹较多集中在墨西哥的尤卡坦半岛(Yucatan)。阿兹台克是印第安早期民族，12世纪开始在今日墨西哥中南部生活，14世纪在特斯科科(Texcoco)湖中的岛上建立特诺奇蒂特兰(Tenochtitlan)王国，1521年被西班牙占领，阿兹台克建筑模仿玛雅建筑但稍逊一筹。印加是南美洲的印第安人，居住在安第斯山脉中段，公元12世纪建立印加帝国，定都秘鲁的库斯科。印加的建筑和道路交通相当发达，著名的马丘．比丘(Machu Picchu)遗址神奇地展现了印加文化，建于悬崖峭壁之上，石块构筑梯地，小路纵横交错，宛如迷宫。

[43] Robert C. Twombly. Frank Lloyd Wright: His Life and His Architecture [M]. New York: A Wiley-Interscience Publication, John Wiley & Sons, Inc.,1979:321.

计中运用过。莫里斯纪念品商店是赖特1948年设计的，顾客经斜坡道可缓缓地上到二楼，外立面处理与一般商店不同，立面没有橱窗，封闭的立面仅留一个罗马式的拱门，标志鲜明的拱门被认为是理查森的格莱斯诺住宅北入口的复制品，这个商店已改名为上都工艺及民俗画廊(Xanadu Artifact and Tribal Art)。运用缓坡道和圆形母题的另一个设计实例是甘米奇纪念会堂(Grady Gammage Memorial Auditorium)，会堂建在亚利桑那州立大学校园内，是赖特1959年设计的，至1964年才建成。圆形会堂有3000个座位，60m长的缓坡道从室外地面通向会堂二层，在开阔的绿地衬托下，气势宏伟。会堂的外环是46根细长圆柱形成的外廊，圆柱高约16m，外廊圆拱下的帷幕状装饰格调高雅，据说赖特是有意模仿沙漠的帐篷。

在一神教会议厅和第一基督教堂设计中，赖特运用三角形和菱形空间，他认为三角形和菱形空间最符合教徒祈祷的要求，并以锥形的尖塔表达崇拜和希望，抽象的几何图案隐喻多种含义。赖特从19世纪末开始在彩色玻璃窗的设计中运用象征植物的抽象图案，蜀葵山庄的檐部花饰是当地蜀葵花的抽象图案，表达建筑与自然的联系，这种构思比20世纪后期流行的后现代符号主义提前50年。1953年在洛杉矶的贝弗利希尔斯(Beverly Hills)繁忙的商业街上，赖特设计了一个名为安德顿的内院式小商场(Anderton Court Shops)，商场沿街布置，规模不大但空间丰富，几何形状的尖塔、檐口、吊顶、立柱、台阶和花池的处理都非常细腻，充分展现了大师的建筑设计功底。

16-36 莫里斯商店入口细部处理

16-37 莫里斯商店的赖特设计标志

16-38 莫里斯商店的小门厅

16-39
16-40 16-41

16-39 莫里斯商店的室内中庭与坡道

16-40 莫里斯商店的坡道

16-41 从莫里斯商店室内俯视入口

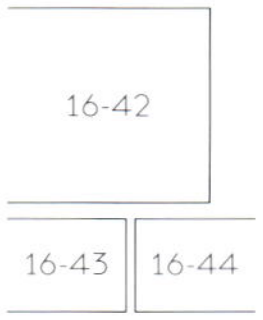

16-42　远望甘米奇纪念会堂

16-43　通向甘米奇纪念会堂的大坡道

16-44　从甘米奇纪念会堂回望坡道

16-45 16-46
16-47

16-45　甘米奇纪念会堂透视

16-46　甘米奇纪念会堂的半圆挑台

16-47　甘米奇纪念会堂的细部处理

16-48
16-49

16-48　安德顿商店沿街立面

16-49　安德顿商店内院仰视

16-50 16-51

16-52 16-53

16-50　安德顿商店的尖塔

16-51　从安德顿商店内院向外望

16-52　俯视安德顿商店内院空间

16-53　安德顿商店内院的花池与踏步

16-54　安德顿商店内院空间构图

16-55　安德顿商店内院踏步

16-56　安德顿商店室内空间

16-57

16-58 16-59

16-57　安德顿商店的檐部处理

16-58　安德顿商店室外转角处理

16-59　安德顿商店室外片断

美式住宅与第二次创作高峰

赖特的建筑风格不断发展，20世纪30年代他提出“广亩城市”(Broadacre City)和‘美式住宅”(Usonian House)的概念。广亩城市是赖特试图解决资本主义城市发展中的矛盾的一种乌托邦式的设想。1932年，赖特发表《正在消失的城市》(The Disappearing City)，畅想建立一种新的城市模式，按照他的规划，塔里埃森的学生制作了一个单元模型，在16平方英里的土地上容纳1400户，每个人都拥有1英亩可以耕作的土地和私人汽车，城市没有边界，也没有市区和郊区之分。广亩城市以穿越城市的架空干道和飞机场与外界联系，架空干道的宽度可容纳10辆轿车和2辆卡车，干道下面是连续的仓库。城市道路按方格网布局，主要道路间隔1英里，次要道路间隔0.5英里，更次要的道路间隔再小，主干道路边布置商业、市场、旅馆，工业用地布置在城市边缘，风景优美的地区布置娱乐、休憩和文化设施。广亩城市近似现代化的大型合作农场，这个设想没有被人们认同，赖特只能不断改进自己拥有的庄园，使塔里埃森逐步接近他理想中的广亩城市。[44]

“Usonia”一词的来源始终不太明确，赖特借用了这个新名词，Usonia被认为是America的替代词，赖特的Usonian House具体含义是“广亩城市的未来美国式住宅”，赖特认为“美式住宅”要比“草原住宅”看起来更“现代”。[45]美式住宅的提出是基于科学技术的发展和人们生活习惯的改变，赖特注意到时代的变化并能与时俱进。美式住宅与草原住宅相比，坡顶变为平顶，几何图案的彩色拼花窗改为透明玻璃窗，室内布置更加开敞、灵活、舒适，餐厅成为起居室的一部分，厨房的地位提高了，家庭主妇成为住宅的中心人物。[46]美式住宅最杰出的作品是流水别墅，继流水别墅后赖特又先后设计了约翰逊制蜡公司的总部办公楼和西塔里埃森分校，不到三年的时间赖特设计了极具创造性的3组建筑，令国际建筑界为之震惊，古稀之年的赖特迎来了第二次创作高峰。美式住宅更加重视建筑与自然环境的结合，流水别墅的造型与环境融为一体，

[44] Robert C. Twombly. Frank Lloyd Wright: His Life and His Architecture [M]. New York: A Wiley-Interscience Publication, John Wiley & Sons,Inc.,1979:222.

[45] Robert C. Twombly. Frank Lloyd Wright: His Life and His Architecture [M]. New York: A Wiley-Interscience Publication, John Wiley & Sons,Inc.,1979:241-246.

[46] Robert C. Twombly. Frank Lloyd Wright: His Life and His Architecture [M]. New York: A Wiley-Interscience Publication, John Wiley & Sons, Inc.,1979:257.

16-60 | 16-61

16-60 约翰逊制蜡公司透视之一

16-61 约翰逊制蜡公司透视之二

16-62　远望约翰逊制蜡公司入口

16-63　约翰逊制蜡公司入口

16-64　从约翰逊制蜡公司入口望内院

16-65　右侧是约翰逊制蜡公司扩建的报告厅

16-66　约翰逊制蜡公司办公大厅

层层出挑的平台与山谷中的林木互相交织。赖特运用多种建筑处理手法，使人们的视觉更多地接近自然，窗的转角处取消立梃、减少遮挡、视觉开阔，顶棚和地面从室内向室外延伸，把人们的视线引向大自然，促进室内外的空间流动，室内装修借用室外的天然材料，把室外环境引入室内，流水别墅起居室的地面甚至局部保留了原有的自然地貌。赖特曾经讲过：流水别墅是上帝的赐福……森林、溪流、岩石等万物静静地交融在一起，你听不到任何喧嚣，只有溪流的音乐。感受乡村的宁静，倾听流水的声音，不曾有任何休闲方式能与之相比。[47] 赖特在西塔里埃森分校设计中运用地方建筑材料并尽量保持材料的原有质感，西塔里埃森的毛石混凝土承重墙以当地的石材为原料，风格粗犷，与远山和沙漠的自然环境浑然一体，木梁和毛石墙均不加粉饰，充分展现了建筑风格的地域特色，堪称地域主义的代表作。1936年赖特为约翰逊制蜡公司设计的总部办公楼又是另一种建筑风格，公司是一个家族式企业，约翰逊希望总部办公楼的工作环境具有凝聚力，亲切、温暖，像一个快乐的大家庭，赖特不仅满足了公司的要求而且塑造了一个极不寻常的空间，赖特希望工作的地方要激励人们的信心如同在大教堂中作祈祷一样。他把员工办公室设计成一间开敞的大厅，内部是林立的蘑菇柱，圆形蘑菇柱顶的间隙填充玻璃管，光线经过折射后柔和地洒向大厅，奇妙的效果如科幻世界，室内色调暖温，各处都是没棱没角的弧形曲线。总部建成后受到老板和员工的普遍欢迎，据说员工在新的工作环境中效率提高了。约翰逊制蜡公司由于建筑艺术的独特，使公司名声远扬，尽管办公楼的建造费用远远超过预算，但建筑本身的广告效应在当时价值几百万美元，处于经济萧条的第二次世界大战期间，这种现象是难能可贵的。1944年赖特又为公司扩建了一幢塔式的实验楼，塔楼与单层的办公大厅形成一组完整的建筑群。[48]

赖特一生的作品中有3/4是住宅。继草原住宅和蜀葵山庄之后，赖特又尝试运用装饰性的预制混凝土砌块体系(Textile Block System)建造住宅，预制空心砌块的外侧是装饰性的几何图案，用钢筋固定砌块，中间浇灌混凝土。1920至1924年赖特在加利福尼亚州建造了几幢砌块住宅，砌块建造的住宅并不太受欢迎，因为气氛冷漠。建于洛杉矶的恩尼斯住宅(Ennis House)已多次作为电影拍摄的场景，尤其是科幻电影，

[47] Bruce Brooks Pfeiffer(author). Yukio Futagawa(editor and photographer). Frank Lloyd Wright Fallingwater [M]. Tokyo: A.D.A. EDITA TOKYO Co.,Ltd.,2003:20.

[48] Robert C. Twombly. Frank Lloyd Wright: His Life and His Architecture [M]. New York:A Wiley-Interscience Publication, John Wiley & Sons,Inc.,1979:279-282.

16-67 | 16-68

16-67　比尔特莫尔饭店透视

16-68　比尔特莫尔饭店客房楼

因为墙面的光影效果突出。1927年赖特运用装饰性砌块在亚利桑那州的菲尼克斯建造了比尔特莫尔饭店(Biltmore Hotel)，据说赖特仅仅是作为比尔特莫尔饭店的设计顾问，并未承担全部设计。运用装饰性预制混凝土砌块体系建造的佛罗里达南方学院是赖特作品中规模最大的公共建筑群，1938至1953年，赖特为该校设计并建成了包括著名的法伊弗教堂等9项工程，佛罗里达南方学院的砌块建筑不仅砌块表面铸有图案而且镶嵌了小块的彩色玻璃，增加了装饰效果，是赖特运用装饰性预制混凝土砌块体系建造的最成功的作品。赖特在佛罗里达南方学院设计的建筑群以廊道连接各幢建筑，廊道纵横交错，随着地形高低起伏，大部分廊道由单柱支撑，雕塑般的单柱支撑着深远的挑檐，既可防晒又丰富了外部空间。

16-69　比尔特莫尔饭店花池

16-70　比尔特莫尔饭店客房楼的体型变化

16-71　比尔特莫尔饭店客房楼前的下沉式空间

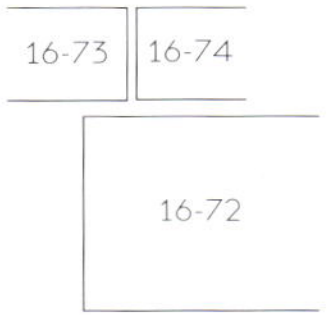

16-72　比尔特莫尔饭店外廊式客房楼

16-73　比尔特莫尔饭店的连廊

16-74　比尔特莫尔饭店入口门廊

20世纪50年代，赖特又尝试为普通美国人设计低造价的工厂预制装配式住宅，一种被称为美式自动化的(Usonian Automatic)住宅体系，1956至1957年赖特设计了4种这种体系的住宅，称为“后美式住宅”(Post-Usonia House)。[19] 工厂预制装配式住宅的实际造价并不低，尽管设计并不很成功，但年近九旬的老人仍有此创新精神，念念不忘改善美国人民的居住环境，令人敬佩。

⑲ Robert C. Twombly. Frank Lloyd Wright: His Life and His Architecture [M]. New York: A Wiley-Interscience Publication, John Wiley & Sons,Inc.,1979:338-344.

16-75

16-76 16-77

16-75　比尔特莫尔饭店内院的小亭

16-76　比尔特莫尔饭店室内接待厅

16-77　比尔特莫尔饭店室内装饰

16-78 恩尼斯住宅透视

16-79 恩尼斯住宅门廊

16-80 恩尼斯住宅入口

广义的有机建筑理论

赖特曾经发表过多篇文章，也常在各地作报告，“有机建筑”是他经常讲到的理论。赖特的有机建筑概念最早提出是刊登在美国《建筑实录》(Architecture Record)1908年3月刊的一篇文章《弗兰克·劳埃德·赖特1894年的主张》(Frank Lloyd Wright’s Proposition of 1894)，文章阐述了六条观点，其中第三条指出：如果场地的自然条件有特征，建筑应当像从地上自然生长出来那样与周围环境相协调。我们生活在中西部草原，草原有其独特的美，平静的地平线，我们应当承认并强调这种自然美。因此，建筑应当是缓坡屋顶，悬挑的遮檐，低矮的比例，平缓的轮廓线，厚重的烟囱，低矮的平台和围墙，幽静、私密的花园。赖特认为：有机建筑产生于美国中西部，是19世纪末20世纪初出现的一种建筑新思维。经过50年含糊其辞的接受过程和高等学府的干扰，它成长并建立了丰富的形式。有机建筑以新的、适当的方式运用钢材、玻璃、混凝土为美国的自由新生活提供了更大幅度的居住自由，它超越过去任何“风格”建筑所提供或许诺过的内容。有机建筑是一种庇护人类生活的新意识，屋顶宽阔低矮，平顶或坡顶，四坡或两坡，但常常是综合性的组合屋顶。宽大的挑檐常常留孔，透过格栅的光线有特色地投射到下面的窗上。没有孤立的装饰物，装饰结合到建筑中。

虽然赖特对有机建筑的解释较多地涉及建筑风格，实际上他对有机建筑的理解并不局限于建筑风格，“有机”的概念涉及面很广，几乎包罗万象。在分析有机建筑时，赖特经常提到“nature”一词，他提出的“nature”有两种含义：一是指自然界，赖特认为建筑应当接近自然，户外的大自然；另一种含义指的是事物的本质(essence)、个性(character)，他认为任何一项建筑设计归根到底是要解决特定人群的建筑问题，有机的设计将是唯一的、必然的解决方案。建筑师的首要任务就是仔细研究工作中每件事的“本质”(nature)。[50] 赖特认为形式与功能

[50] Robert C. Twombly. Frank Lloyd Wright: His Life and His Architecture [M]. New York:A Wiley-Interscience Publication, John Wiley & Sons, Inc.,1979:147, 312.

16-81　莫诺纳市政中心首层平面（展厅）

16-82　莫诺纳市政中心四层平面
1－舞厅；2－会议厅；3－报告厅

16-83　莫诺纳市政中心屋顶花园

16-84　俯视莫诺纳市政中心

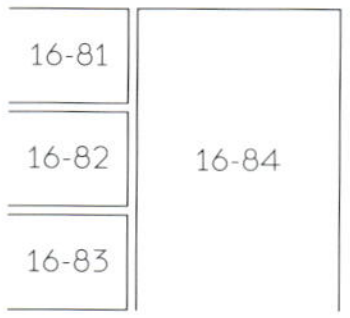

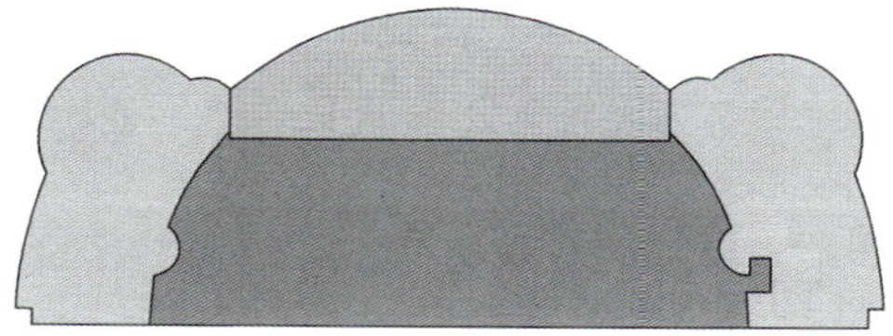

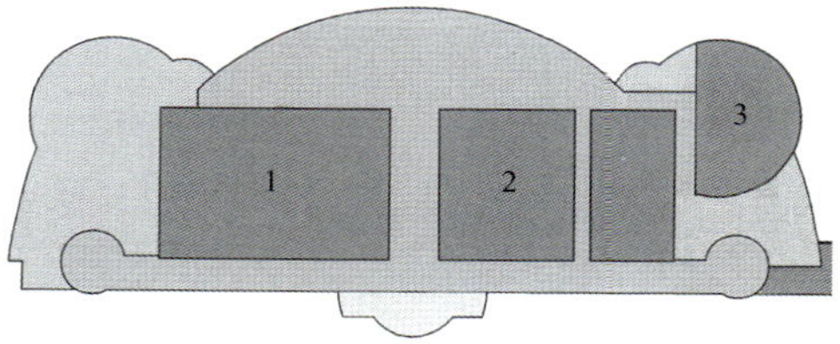

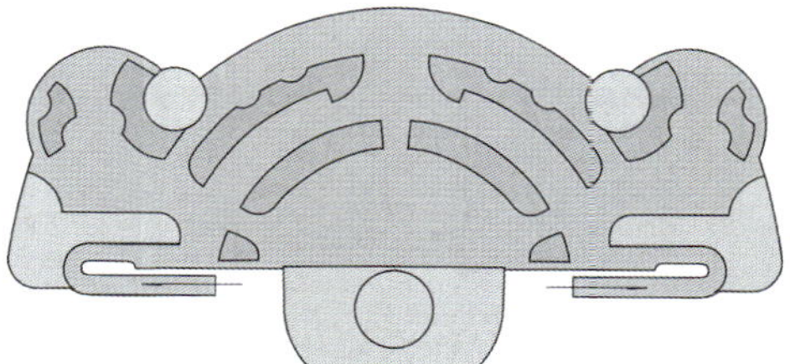

应当统一(united form and function)，赖特不同意沙利文提出的“形式随从功能” 的观点，他认为形式与功能是一回事(form and function are one)。赖特1928年1月在《建筑实录》发表的《建筑之道》(In The Cause of Architecture)第一章“平面的逻辑” (The Logic of The Plan)中指出：好的平面是有机的，……评判建筑师首先看他设计的首层平面，……平面设计中一些最重要的因素包括总目标(布局)、材料、建造方法、尺度、节点、表现或风格。尺度(scale)指的是人的行为……，尺度是真正的比例(proportion)。1928年2月发表的《建筑之道》第二章谈的是“风格”对建筑师的意义(What “Style” Mean to The Architect)，赖特认为：个性是有机实体有意义的表现……个性表现为本质的艺术……风格是个性表现的结果。赖特以自己的作品为例，说明没有标准的风格，风格根植于人的生活，风格内含于每个项目的有机生成中。[51]

赖特于1935年为家乡麦迪逊市设计了莫诺纳市政中心(Monona Terrace Civic Center)，1941—1956年又三次改进设计，赖特去世40年后的1998年中心终于建成。赖特把自己看做是家乡的普通市民，想为家乡作些贡献，不仅没有收取设计费甚至还捐赠了资金，赖特认为市政中心是市民的而不是政府的，希望莫诺纳市政中心可以刺激民主建筑的成长，促进民主的发展。[52] 莫诺纳市政中心占地约7.5英亩，半圆形的半岛伸入莫诺纳湖中，对称的建筑布局以圆形为母题，中轴线与古典的州议会大厦呼应，中心共有5层，底层是展厅，四层是舞厅、会议厅与报告厅，顶层是屋顶花园。赖特晚年设计的另一个市政中心是旧金山市北面的马林县行政中心，赖特去世前还在不断修改市政中心的细部处理，在市政中心设计中他强调民主、开放与社会和谐，这是赖特有机建筑理论进一步的发挥。马林县行政中心包括法院等严肃的执法机构，但中心完全没有“衙门”气氛，建筑立面重复采用大小不等的连续拱券和圆形，视觉上加强了统一、和谐的效果，室内中庭和屋顶花园增加了民主、开放的气氛。在教堂设计中赖特也强调团结与和谐，他在教堂中设置了壁炉，创造亲切的家庭聚会气氛，壁炉曾经是赖特在住宅设计中的核心，在教堂的门厅或公共活动空间出现壁炉使人们可以围着壁炉交谈，增加团结与和谐，这也是赖特的有机建筑理论的体现。赖特对有机建筑有多种解释方法，他曾经谈到有机建筑要考虑时间、地点和人：“时间”涉及建筑风格，赖特强调建筑与时代联系，不应沿用历史上的建筑风格；“地点”指的是自然环境，建筑应与自然环境和谐；所谓的“人”就是建筑应为“人”服务。[53] 赖特还把“有机建筑”的理论扩展到“有机社会”(Organic Society)，有机社会应当是统一、和谐的社会，应当尊重和宽容他人，他甚至说过：我们不可能得到有机建筑，除非我们成功地建立一个有机社会。[54]

赖特对现代建筑发展的影响是明显的，他在《有机建筑观察现代建筑》(Organic Architecture Looks at Modern Architecture)一文中提出“现代建筑是有机建筑的子孙(Modern-Architecture is the offspring of Organic-architecture)，有机建筑概念传到欧洲后才出现包豪斯学派(Bauhaus)”，尽管这种估计有些过分，但赖特对欧洲现代建筑发展的影响的确不可忽视。[55] 1909年赖特为了回避婚姻矛盾私访柏林，1910年德国人恩斯特·瓦斯穆特(Ernst Wasmuth)首次出版了《弗兰克·劳埃德·赖特的设计方案及建成作品》(Ausgefuhrte Bauten und Enlwurfe von Frank Lloyd Wright)同时在柏林举办了赖特的建筑设计作品展，欧洲建筑界开始了解了赖特。奥德(J. P. Oud)、特奥·冯·杜斯堡(Theo van Doesburg)、勒柯布西耶和阿尔瓦·阿尔托都承认赖特的作品对他们的启示，建筑理论家也普遍地认为荷兰风格派(De Stijl)、俄国的构成主义(Constructivism)等现代建筑流派在一定程度上受到赖特的启示。欧洲的现代建筑运动对赖特也有一定的影响，不可否认赖特办学、建立塔里埃森是包豪斯的启示，美式住宅在某种程度上也有国际式现代建筑的影响。

赖特在美国建筑界的影响至今没有哪个建筑师能取代，他死后的声誉超过生前，笔者四次访美均以赖特的作品作为考察重点，每次都会遇到络绎不绝的参观人群，包括青年学生甚至儿童，赖特的作品已成为美国文化的一部分，这种现象不仅不会减弱而且会继续加强。

[51] Frank Lloyd Wright. In the Cause of Architecture: Essays by Frank Lloyd Wright for Architecture Record 1908-1952 [M]. New York: An Architecture Record Book,1975:153-169.

[52] Robert C. Twombly. Frank Lloyd Wright: His Life and His Architecture [M].New York: A Wiley-Interscience Publication, John Wiley & Sons, Inc.,1979:326, 374.

[53] Bruce Brooks Pfeiffer (author).Yukio Futagawa,(editor and photographer). Frank Lloyd Wright Architecture [M]. Tokyo: A.D.A. EDITA TOKYO Co., Ltd., 2003:34.

[54] Robert C. Twombly. Frank Lloyd Wright: His Life and His Architecture [M]. New York: A Wiley-Interscience Publication, John Wiley & Sons,Inc.,1979:322.

[55] Frank Lloyd Wright. Organic Architecture Looks at Modern Architecture[M]//In the Cause of Architecture Essays by Frank Lloyd Wright for Architecture Record 1908-1952. New York: An Architectural Record Book ,1975:233.

16-85 16-86 16-87

16-88

16-85 远望莫诺纳市政中心的天桥和环状坡道

16-86 莫诺纳市政中心透视

16-87 从莫诺纳市政中心平台望议会大厦

16-88 俯视莫诺纳市政中心天桥及停车场

16-89
16-90 16-91

16-89 俯视莫诺纳市政中心停车场及环状坡道

16-90 莫诺纳市政中心入口

16-91 莫诺纳市政中心室内

图片来源 Sources of Illustrations

□ 曲敬铭摄影的图片

◆3-4、3-17、3-19、3-20、3-28、3-29、3-30、3-31、3-32 ◆4-8、4-10 ◆5-4 ◆6-10、6-14、6-16、6-17、6-20、6-21、6-22、6-23、6-25、6-27、6-30 ◆7-8、7-18、7-27、7-31、7-33、7-35 ◆8-7、8-10、8-17、8-32、8-49、8-72、8-76、8-78 ◆9-2、9-8、9-12、9-23 ◆10-7、10-12、10-18、10-34、10-51、10-54、10-56、10-63、10-65、10-67 ◆11-11、11-13、11-27、11-35、11-36、11-46、11-53、11-58、11-60、11-63、11-64、11-69、11-71、11-72、11-73、11-95、11-98、11-99、11-100、11-109 ◆12-2、12-7、12-10、12-15、12-16、12-17、12-19、12-20、12-21 ◆16-5、16-7、16-8、16-9、16-16、16-17、16-18、16-19、16-22、16-23、16-28、16-64、16-65

□ 周锐摄影的图片

◆11-1、11-3、11-5、11-10、11-12、11-16、11-17、11-19、11-23、11-25、11-26、11-29、11-31、11-34、11-40、11-41、11-42、11-43、11-45、11-47、11-48、11-51、11-53、11-54、11-56、11-57、11-66、11-67、11-74、11-77、11-78、11-79、11-80、11-81、11-82、11-83、11-85、11-86、11-87、11-88、11-89、11-91、11-93、11-94、11-103、11-105、11-107

□ 甘晓音摄影的图片

◆1-5、1-7、1-8 ◆3-7、3-15 ◆4-20、4-26、4-28 ◆5-33 ◆6-1、6-18、6-26、6-28、6-29、6-31、6-32 ◆16-20

□ 白万铭摄影的图片

◆3-8 ◆5-10、5-31 ◆8-14、8-21、8-42、8-48、8-66

□ 卢岩摄影的图片

◆14-5、14-6、14-7、14-8、14-16、14-31

□ George Chen摄影的图片

◆16-39、16-40、16-41

□ 赖德霖摄影的图片

◆16-3、16-4

□ 邵力群摄影的图片

◆14-9、14-15

□ 薛镭摄影的图片

◆1-1

□ 以下图片选自相关单位的展品和书籍

◇ Henry-Russell Hitchcock. *The Architecture of H.H. Richardson and His Time* [M]. Cambridge Massachusetts: The M.I.T. Press, 1961

◆1-3、1-4

◇ 西塔里埃森展出的图片

◆2-1 ◆10-2（本书作者技术加工）

◇ 一神教会议厅展出的图片

◆12-23、12-25

◇ Howard Architecture Models在互联网上发表的图片

◆16-2（哈佛大学建筑学院制作，本书作者对图片技术加工）

◇ 约翰逊制蜡公司展出的图片

◆16-66

□ 薛纳重新绘制本书的总平面图、建筑平面及剖面图

□ 其他未注明来源的图片均为本书作者拍摄

参考文献 Select Bibliography

[1] Robert C. Twombly. Frank Lloyd Wright: His Life and His Architecture [M]. New York: A Wiley-Interscience Publication, John Wiley & Sons, Inc., 1979.

[2] Frank Lloyd Wright. In the Cause of Architecture: Essays by Frank Lloyd Wright for Architecture Record 1908-1952 [M]. New York: An Architecture Record Book, 1975.

[3] Frank Lloyd Wright. An Autobiography[M]. New York: Barnes & Noble Books, 1998.

[4] Frank Lloyd Wright. Sixty Years of Living Architecture [M]. Zurich und Winterthur: Ende Mai, 1952.

[5] Bruce Brooks Pfeiffer(auther). Yukio Futagawa(editor and photographer). Frank Lloyd Wright: Preliminary Studies, Monograph(Vol.1, Vol.2, Vol.4, Vol.5, Vol.6) [M]. Tokyo: A.D.A. EDITA TOKYO Co.,Ltd. 1980.

[6] Bruce Brooks (author) .David Larkin and Bruce Brooks Pfeiffer(editors). Frank Lloyd Wright: The Master Works [M]. New York: Rizzoli International Publications, 1993.

[7] Bruce Brooks Pfeiffer(author). Yukio Futagawa(editor and photographer). Frank Lloyd Wright Architecture [M]. Tokyo: A.D.A. EDITA TOKYO Co., Ltd., 2003.

[8] Bruce Brooks Pfeiffer(author). Yukio Futagawa(editor and photographer), Frank Lloyd Wright Taliesin West [M]. Tokyo: A.D.A. EDITA TOKYO Co., Ltd., 2002.

[9] Bruce Brooks Pfeiffer(author). Yukio Futagawa(editor and photographer). Frank Lloyd Wright Taliesin [M]. Tokyo: A.D.A. EDITA TOKYO Co., Ltd., 2002.

[10] Kevin Nute. Frank Lloyd Wright and Japan: The role of traditional Japanese art and architecture in the work of Frank Lloyd Wright [M]. London: Van Nostrand Reinhold, 1993.

[11] Edgar Kaufmann, Jr.. Fallingwater: A Frank Lloyd Wright Country House [M]. New York: Abbeville Press Publishers, 1986.

[12] Kathryn Smith. Hollyhock House and Olive Hill [M]. New York: Rizzoli International Publication, 1992.

[13] Alan Hess(editor) Alan Weintraub-(photographer). Frank Lloyd Wright, Mid-Century Modern [M]. New York: Rizzoli International Publications, Inc., 2007.

[14] Iain Thomson. Frank Lloyd Wright [M]. San Diego, California: Thunder Bay Press, 1997.

[15] Bruce Brooks Pfeiffer and Gerald Nordland (editors). Frank Lloyd Wright in the Realm of Ideas [M]. Carbondale: Southern Illinois University Press, 1988.

[16] Carla Lind. The Wright Style [M]. London: Thames and Hudson Ltd., 1992.

[17] Robert Mccarter(editor). On and By Frank Lloyd Wright:A Primer of Architectural Principles [M]. London: Phaidon Press Limited, 2005.

[18] Keith L. Eggener(editor). American Architectural History: A Contemporary Reader[M]. New York: Routledge, 2004.

[19] David P. Handlin. American Architecture: World of Art Series [M]. New York: Thames & Hudson Inc., 1985.

[20] Henry-Russell Hitchcock. The Architecture of H.H. Richardson and His Time [M]. Cambridge, Massachusetts: The M.I.T. Press, 1961.

[21] Robert Twombly(editor).Frank Lloyd Wright: Esse Texts [M]. New York: W.W.Norton & company, 2009.